Orizons
Daniel Cohen éditeur
www.editionsorizons.fr

Collection Témoins / Témoignages

Témoins, chez Orizons, s'ouvre au récit d'une expérience personnelle lorsqu'elle libère, au-delà de l'engagement moral et psychologique, des perspectives plus larges. S'il est vrai que chaque individu est un maillon indispensable à tel ensemble, les faits qu'il relate recouvrent tantôt un réel sociologique ou historique, tantôt une somme de détails grâce auxquels un *document* naît — en somme un acte personnel profitable au plus grand nombre. Ladite expérience renseigne et conduit, par ce qu'elle implique, à la réflexion. Biographie d'untel ou récit contracté d'un événement qui a dynamisé, voire transformé la vie de tel autre, geste d'une initiation collective parfois, sinon même miroir des nations prises sous le flash d'un œil par essence subjectif, *Témoins* dit et dira les hommes de toutes obédiences.

0275ISBN : 979-10-309-0287-7

Comment l'idée vient au géologue

Ouvrages de l'auteur aux Éditions Orizons

Dieu reconnaîtra les siens, coll. « Témoins / Témoignages », 2015
Avant l'oubli, coll. « Témoins / Témoignages », 2016
Science et dénis, coll. « Débat / question contemporaine », 2018
Couleurs niçoises et provençales, coll. « Grands Formats », 2019
Encres niçoises et provençales, coll. « Grands Formats », 2019
Promenade comtoise, entre Doubs et Dessoubre, coll « Grands Formats », 2020
Promenade autour de ma collection de livres illustrés modernes (1870-2010), coll « Témoins / Témoignages », 2021

Gilbert Boillot

Comment l'idée vient au géologue

Orizons
2021

Parus dans la même collection

Josy Adida-Goldberg, *Les Deux pères*, 2008.
Maurice Couturier, *Chronique de l'oubli*, 2008.
Chochana Meyer, *Un juif chrétien ?,* 2008.

David Mendelsohn, *Millau, terre d'accueil des Juifs*, 2010.
François Wolff, *Si venait au monde un homme*, 2010.

Olivier Larizza, *Couleur Mirabelle*, 2011.
Michel Arouimi, *Françoise Hardy : pour un public majeur*, 2012.

Paul Heutching, *Le bourreau a tué trois fois, réflexions sur des siècles de traites négrières*, 2012.

Olivier Larizza, *Le Tour de France dans tous ses états !*, 2013.

Hassna Aalouach-Belkanichi, *Les fruits de la Hogra, la première marche de la Révolution tunisienne 2010-11*, 2014.
Laurent Bayart, *Chroniques du tour de France*, 2014.
Ittamar Ben-Avi, *L'Enclave*, 2014.
François-G. Bussac, *La « Révolution » tunisienne, Chroniques 2011-2014*, 2014.
Françoise Maffre Castellani, *Marta Hillers. Un scandale*, 2014.
Radu Ciobotea, *Journalistes français dans la Roumanie communiste*, 2014.
Louis Nucera et Fanny Lévy, *Faire de l'art avec un souvenir, correspondance*, édition de Fanny Lévy, 2014.

Gilbert Boillot, *Dieu reconnaîtra les siens*, 2015.
Martine Breuillot, *Promenades littéraires dans le Taygète*, 2015.
Dominique Delouche, *La dernière place*, 2015.
Serge Dufoulon, *Itinéraire d'une grande gueule*, 2015.
Henri Heinemann, *Jeunesses*, 2015.

Laurent Bayart, *La prière du Sage*, 2016.
Gilbert Boillot, *Avant l'oubli*, 2016
François-G. Bussac, *Le siècle d'Augusta*, 2016.
Georges Kokossoulas , *Deux rues plus loin, c'était Missolonghi, puis Athènes... K 250853*, 2016.

Laurent Bayart, *J'ai mon voyage — Récit d'un sédentaire*, 2018.

Laurent Berec, *Paul Hillig, de Cloyes à Auschwitz*, 2019.
Jacques Minot, *Mémoires de guerre d'un Tourangeau — De la mobilisation à la Résistance*, 2019.

Lanrent Bayart, *Il n'y a rien qui ne Val… d'Ajol ! — Impressions du petit paradis ajolais*, 2020.
François-G. Bussac, *Les silences de l'Amiral*, 2020.
Françoise Loiret, *De la lecture à l'écriture — Dans les couloirs des maisons d'édition*, 2021.
Gilbert Boillot, *Promenade autour de ma collection de livres illustrés modernes — (1870-2010) — Essai bibliophilique*, 2021.

Ce livre est un témoignage. La chance de ma vie professionnelle fut d'avoir vécu l'âge d'or de la géologie océanique, au début de l'exploration des fonds sous-marins et au moment où la théorie de la tectonique des plaques lithosphériques donnait aux sciences de la Terre leur unité. C'est ma participation à cette aventure que je relate, en analysant les sujétions socioéconomiques imposées à la recherche scientifique dans ma spécialité et à mon époque.

Ma carrière scientifique cependant s'est arrêtée avec le 20e siècle. Depuis vingt ans, je ne suis plus avec l'assiduité de naguère les progrès de la science que j'ai servie pendant plus de quatre décennies. Désormais éloigné de mon ancienne communauté, je ne peux plus observer comme avant où et comment y souffle l'esprit. Ce récit s'arrête donc au moment où j'ai cessé d'y figurer comme acteur et comme témoin. *L'état de la science sur la géologie océanique tel qu'il est présenté dans cet ouvrage est par conséquent celui où étaient parvenues les connaissances quand s'est achevé mon parcours.*

À la fin du livre, le lecteur trouvera une échelle simplifiée des temps géologiques, suivie d'un glossaire donnant les définitions abrégées des termes scientifiques utilisés dans le texte. J'espère ainsi faciliter l'accès de mon ouvrage.

G. B., août 2021

I
Le maître et son disciple

Le cursus universitaire d'un naturaliste promis à l'enseignement secondaire comprenait en 1955 un exercice de recherche personnelle. Les étudiants devaient solliciter et se faire accepter par un professeur, qui lui confiait un sujet de travail. L'exercice durait environ un an, et débouchait sur une soutenance devant un jury, qui attribuait au candidat un « diplôme d'études supérieures » avec des mentions calquées sur celles d'une véritable thèse de doctorat. Inversement, les professeurs étaient volontiers preneurs d'une main-d'œuvre gratuite mise au service de leur recherche ou de celle de leur laboratoire, surtout quand elle provenait d'élèves d'une Grande École auréolés de leurs succès aux difficiles concours d'entrée. Dans ce vivier, ils pouvaient éventuellement recruter plus tard des collaborateurs quand un poste se libérait dans leur service.

J'avais suivi dans ma seconde année d'étude à l'Université de Paris les cours du géologue jacques Bourcart, qui m'avaient enthousiasmé. Non pas à cause de leur rigueur intellectuelle : le professeur, déjà âgé, était particulièrement désordonné dans sa pensée, parlant devant nous plus par enchaînement d'idées que suivant un plan préétabli. Pour cette raison, il n'avait qu'un très maigre public venu l'écouter sur les bancs de l'amphithéâtre de géologie. Il parlait sans regarder ses étudiants, riait à ses propres plaisanteries, enchaînait les propos de façon surprenante, bafouillait souvent, et mêlait volontiers à l'enseignement proprement dit de sa discipline les souvenirs personnels de ses recherches aventureuses dans des pays exotiques.

Ce n'était cependant pas ce désordre, confinant parfois de la confusion, qui m'avait attiré. À 21 ans, je conservais en moi quelque chose de l'adolescent de naguère. Il me plaisait de me singulariser parmi mes camarades en affichant mon admiration pour un maître qui les rebutait au contraire. Je sentais confusément ce que la géologie qui m'était enseignée avait à cette époque de conventionnel et de dépassé, et j'étais friand de la voir bousculée sans précaution par un esprit certes désordonné, mais assurément fécond. Fécond parce que rebelle.

Toutes proportions gardées, Bourcart souffrait un peu au milieu de ses pairs du statut que je devais assumer moi-même parmi mes camarades : celui d'un esprit non conforme, qui forçait un peu les traits de sa personnalité pour mieux s'affirmer ; celui aussi d'un homme un peu marginalisé dans sa communauté, amplifiant ses différences pour en faire une force plutôt qu'une faiblesse.

Fig. 1. Jacques Bourcart dans les années 50.

Me voilà donc sur les collines et les montagnes de l'arrière-pays de Vintimille, au-delà de la frontière italienne, à cartographier les mêmes terrains qu'étudiait à ce moment-là Bourcart dans la région niçoise. Dans les deux cas, il s'agissait de reconstituer les conditions de formation d'anciens deltas côtiers de rivières torrentielles, âgés d'environ 3 millions d'années (Ma) [1], maintenant portés à l'air libre à la suite d'un soulèvement tectonique récent. Dans son milieu, le professeur rencontrait des difficultés à faire partager son interprétation, alors contestée par ses collègues. En France, l'ancien delta est très étendu, très urbanisé, difficile à explorer en détails, et, pour ces raisons, prêtait à discussion. En Italie au contraire, le même objet géologique est plus petit, plus facile à parcourir, et Bourcart me chargea de trouver au-delà de la frontière une solution au problème qu'il peinait à résoudre en-deçà.

Je me souviens d'avoir abordé mon travail comme on le fait pour un jeu de piste, sillonnant le pays en scooter ou a pied, dormant dans des gîtes précaires, et surtout attentif à vérifier que mon « patron » avait raison contre ses détracteurs. Avec beaucoup d'insouciance aussi, sans me rendre compte que mon avenir professionnel dépendait de ma réussite ou de mon échec à satisfaire l'attente de mon maître de stage. L'établissement d'une vérité scientifique avait sans doute moins de prix pour nous deux que la jouissance intellectuelle pour l'un d'avoir vu juste, pour l'autre d'offrir à son maître vénéré la confirmation qu'il espérait. Sur le terrain ou en laboratoire, de retour à Paris, j'étais beaucoup plus préoccupé d'accomplir avec succès la mission qui m'était confiée que de contribuer à une controverse scientifique qui m'était finalement assez indifférente.

C'est par ce chemin que je suis entré à l'Université. Quand je pense aujourd'hui à mon travail d'alors, j'en ai un peu honte. Même au regard des normes habituelles de ce

1. Je rappelle que les âges des terrains sont donnés en fin de volume dans une échelle simplifiée des temps géologiques.

genre d'exercice, il me parait bien mince. Mon principal mérite fut sans doute d'apporter à Bourcart la démonstration de son hypothèse. Ce qui me valut de la reconnaissance, bientôt convertie en une estime pour des talents que mon mémoire ne justifiait certainement pas.

À l'issue de ce travail, je fus donc récompensé pour le plaisir d'amour-propre que j'avais apporté sans doute plus que pour la valeur de ma contribution. Le jour de la soutenance, Bourcart fit de mon travail un éloge dithyrambique, qui étonna un peu les autres membres du jury et le candidat lui-même. Quelques mois plus tard enfin, il me proposa de devenir son assistant, me détournant ainsi de mon destin initial de professeur de lycée. Avant même d'être entré dans la vie professionnelle je bénéficiais d'une sorte de promotion, les emplois d'assistant à l'Université étant à l'époque très rares et très convoités.

À 23 ans, j'apprenais ainsi à mon avantage combien valent, dans le milieu où j'allais entrer, les liens d'esprit, sinon de sang, entre un élève et son maître. Une véritable filiation intellectuelle unit un homme vieillissant et inquiet des échéances dernières au jeune disciple qui porte ses idées et la mémoire de son œuvre. Dans les années cinquante, le pouvoir du professeur de recruter à son gré ses collaborateurs était encore intact. Ce moderne népotisme a été quelque peu ébranlé par les événements de 1968 ; il n'est pas entièrement aboli de nos jours.

Ainsi, depuis le Lycée d'Aix-en-Provence où j'avais suivi mes études secondaires, jusqu'à mon admission dans l'Université comme enseignant-chercheur, une bonne fée semble s'être penchée sur mon berceau professionnel. Déjà à Aix, les conseils avisés du proviseur de mon Établissement m'avaient détourné d'un premier chemin, celui d'entreprendre mes études supérieures dans l'université de proximité. J'avais alors quitté la Provence pour un lycée parisien et sa classe préparatoire à l'École de Saint-Cloud (maintenant de Lyon).

Second coup de baguette de ma fée : une réussite inespérée dès la première année de préparation au concours. Je vois maintenant dans l'ouverture d'un poste d'assistant dans le service de Bourcart juste à la fin de mes études universitaires une troisième et déterminante intervention de ma protectrice. Il y en aura d'autres au long de la carrière universitaire qui s'ouvrait à moi.

II
Un transfert de connaissances d'une discipline à une autre

Quelques jours après avoir quitté le statut d'étudiant, j'étais appelé par mon nouveau « patron » à l'assister dans sa prospection des fonds sous-marins de la baie du Mont-Saint-Michel. C'était pendant l'été 1957.

À cette époque, les ingénieurs de l'EDF (Électricité de France) s'intéressaient beaucoup à l'énergie marée-motrice. L'usine de la Rance était en construction, et EDF projetait de barrer la baie du Mont-Saint-Michel et de recueillir ainsi une partie de l'énergie des fortes marées qui agissent dans cette région de la Manche. Bourcart avait été chargé d'étudier la répartition des sédiments dans la baie, afin d'établir l'état des lieux avant l'éventuelle construction du barrage, et de mesurer le risque de son envasement à long terme. Il avait besoin pour l'aider de l'assistant qu'il venait de recruter, et ne me laissa pas même le temps de prendre de courtes vacances après les épreuves du concours d'agrégation qui marquait le fin de mes études universitaires.

Tous les matins de beau temps, nous embarquions à Cancale sur un court bateau à moteur servi par deux marins. Tandis que l'un d'entre eux jetait à la mer au bout de son câble une petite drague en forme de cône, l'autre était chargé de « faire le point » sur les lieux de prélèvement à l'aide d'un

« cercle hydrographique » (une sorte de sextant de 180°, manié horizontalement). Le sédiment recueilli était décrit oralement par Bourcart, dont je notais fidèlement les paroles sur un cahier d'écolier. La proportion de cailloutis, gravier, sable et vase était évaluée à l'œil, l'échantillon étant ensuite mis en sac pour des études ultérieures plus poussées. Je n'échappais à ce rôle de secrétaire que pour apprendre à manier le cercle hydrographique, ce qui me fut fort utile par la suite.

Apprenti, je ne pouvais évidemment prendre aucune initiative. Je ressemblais un peu à un jeune enfant qui imite ses parents jusque dans leurs paroles. C'est ainsi que Bourcart, cherchant peut-être à me mettre en valeur, me demanda un jour de le remplacer à l'improviste dans un exposé devant les ingénieurs qui s'occupaient du projet de barrage. Il s'agissait de comparer le comportement des sables mouvants de la baie avec du ciment en train de « prendre ». Je me souvenais encore des cours parisiens de mon professeur, et sans mettre la moindre note personnelle dans ma présentation, j'ai répété ce qu'il m'avait enseigné autrefois sur la « prise » physique du ciment fraîchement coulé. Sans plus penser à sa prise chimique, évidemment de loin la plus importante. Le petit perroquet avait oublié une partie de sa leçon, et son maître dut la compléter. Soixante ans ont passé depuis, et je me souviens encore aujourd'hui avec gêne de cette petite humiliation.

L'année universitaire débuta, et, avec elle, mes fonctions pédagogiques. Sans que j'eusse bénéficié d'aucune formation préalable, Bourcart me confia un enseignement pratique de sédimentologie (la science des sédiments, à cette époque surtout de leurs techniques d'étude), face à une soixantaine d'étudiants souvent plus âgés que moi (j'avais alors 24 ans). L'apprentissage fut rude, on s'en doute, mais salutaire : il me donnait, par un intense travail bibliographique et de laboratoire, l'outil dont j'allais avoir besoin au moment d'engager la préparation d'une « thèse d'État », ce monument que tout universitaire se devait alors de construire s'il voulait poursuivre sa carrière. Ma première orientation scientifique fut donc imposée par la mission pédagogique dont j'étais chargé, elle-même en conformité avec l'enseignement magistral que je devais illustrer.

Les techniques d'étude des sédiments pour reconstituer leurs conditions de dépôt ne pouvaient pas à elles seules constituer un sujet de thèse de doctorat. Il me fallait identifier un objet d'étude plus valorisant, me permettant de mettre en œuvre les connaissances acquises pendant mes années universitaires, et, plus récemment, « sur le tas » par les nécessités de mon service d'enseignement. Bourcart ne me proposait que des projets sans grand attrait pour ma juvénile ambition. Je devais donc me prendre en charge seul à cet important carrefour de mon parcours. Premier acte d'indépendance, sinon d'insoumission, du jeune assistant.

Je me suis alors souvenu d'un stage d'étudiant, suivi un an plus tôt en Bretagne, à la Station Biologique de Roscoff. Ce laboratoire maritime situé au nord de la Bretagne dépend de l'université de Paris où je venais précisément d'être nommé, ce qui pouvait y faciliter mon accueil.

Fig. 2. Le Pluteus II, navire de la Station biologique de Roscoff, en 1960

Pendant leur stage, les étudiants embarquaient sur le navire de la Station, le « Pluteus II » (une sorte de chalutier long de 18 mètres ; fig. 2), assistaient à des dragages du fond marin, recueillaient avec leur encadrement le produit vivant du prélèvement, qu'ils étudiaient ensuite à terre sur les paillasses des salles de travaux pratiques. Sur le bateau, les sédiments recueillis par la drague avec les animaux ou les algues étaient rejetés à la mer comme une gangue inutile, de la même façon désinvolte que, dans la baie du Mont-Saint-Michel, étaient écartés des sédiments les organismes vivants, qui risquaient d'empuantir les sacs à échantillons par leur décomposition.

Les biologistes de Roscoff semblaient donc se désintéresser du substratum de la flore et de la faune benthique (vivant sur le fond marin) qu'ils apprenaient aux étudiants naturalistes à reconnaître. La Station ne disposait même pas d'une carte de la répartition des sédiments dans l'espace maritime lui faisant face, pourtant son « terrain de pêche » familier. Une étonnante lacune due aux « génomes » différents des géologues et des biologistes, qui pourtant auraient trouvé tout intérêt à confronter leurs expériences. Dès lors, pouvais-je me demander, pourquoi ne pas appliquer à la zone située au large du laboratoire maritime la méthode de travail expérimentée quelques mois plus tôt dans la baie du Mont-Saint-Michel ? Tout en préparant une thèse de doctorat, je répondrais ainsi à un besoin scientifique local qui devait m'assurer le soutien des responsables du laboratoire de Roscoff…

Voilà comment, ayant obtenu, après celle de Bourcart, la bénédiction de Georges Teissier, le Directeur de la Station biologique, j'ai embarqué sur le Pluteus II dès le printemps de mon entrée en fonction à l'Université, avec pour mission de dresser la carte des sédiments dans la zone intéressant les biologistes.

Les sorties duraient la journée, et se répétaient plusieurs fois par semaine, Je pouvais alors mettre en pratique les acquis de ma première expérience de navigation, en localisant les dragages à l'aide du cercle hydrographique dont j'avais appris le maniement pendant les sorties au large de Cancale, et en décrivant leurs produits de la façon synthétique que m'avait enseignée mon professeur.

Cette technique de positionnement en mer (le cercle hydrographique), qui impliquait de viser des amers, allait cependant m'obliger pendant deux ans à travailler en vue des côtes, de ses clochers et de ses balises. Pas de sorties lointaines, ou par temps de brume, par conséquent. Ce n'est qu'en 1960 que le navire de la Station a été équipé du système de radionavigation DECCA. J'ai pu alors m'échapper de la zone côtière et explorer la Manche occidentale tout entière grâce à des sorties en mer de plusieurs jours. Voilà un premier exemple de la dépendance du scientifique à la technologie disponible à son époque.

Mes obligations d'enseignant parisien limitaient aux vacances universitaires mes périodes de travail à Roscoff. Dès la première campagne de prélèvement, je pris cependant conscience de l'absurdité qu'il y avait à négliger les organismes vivants prélevés avec les sédiments que j'étais chargé de cartographier, alors que je travaillais dans un laboratoire précisément dédié à l'étude de la flore et de la faune de cette partie de la Manche. De plus, le lien entre les organismes vivants et leur milieu de vie était l'un des messages forts laissés dans ma mémoire par mes professeurs d'écologie de la Sorbonne. Demander et obtenir la collaboration d'un biologiste de ma génération au travail que j'avais d'abord entrepris seul allaient donc de soi. Un binôme à double compétence et à bénéfices réciproques se forma ainsi dès la fin des années cinquante. Au projet initial de dresser la répartition des sédiments s'ajoutait celui, parallèle, d'établir la carte des peuplements d'animaux benthiques dans la même région.

Ce long préambule pour introduire une brève description de ce qui résulta de cette collaboration interdisciplinaire. Je laisse à Louis Cabioch, mon collègue biologiste dans notre association, le soin de décrire les bénéfices qu'il en a tirés. Pour moi, ce fut l'élaboration d'une méthode nouvelle d'analyse des particules calcaires contenues dans les sables marins d'une plateforme continentale ou d'une mer intérieure comme la Manche. Les biologistes divisent en effet la faune benthique en deux ensembles : les animaux fixés sur un support (affleurements rocheux ou cailloux), par exemple les Bryozoaires, et ceux qui se déplacent plus ou moins librement ou qui vivent dans le sédiment lui-même (les Échinodermes ou les Mollusques fouisseurs, notamment). Ces communautés biologiques différentes se localisent au fond de la mer selon l'agitation du milieu et la force des courants (dans la Manche, des courants de marée). La faune fixée vit sur des « fonds durs », balayés par de forts courants interdisant toute sédimentation durable ; les animaux mobiles se plaisent au contraire sur ou dans les fonds meubles, où les courants déclinent et déposent les particules sédimentaires qu'ils transportaient.

Une partie de ces organismes a cependant en commun de laisser à leur mort les fragments de leurs squelettes externes (leurs tests), de nature calcaire dans le cas que j'étudiais (des débris coquilliers, en particulier), bientôt intégrées aux dépôts locaux. Dès lors, la proportion entre les débris de tests issus de la faune fixée et ceux provenant de la faune libre et fouisseuse renseigne sur la répartition des « zones de production » et des « zones d'accumulation » sédimentaires. À l'approche des « fonds durs », qui sont des zones de production mais non de sédimentation, les sables calcaires s'enrichissent en débris produits par l'« épifaune » fixée, tandis que les fonds sableux s'augmentent plutôt des débris de l'« endofaune » vivant dans le sédiment.

Une idée émergea finalement de ces distinctions fondées sur des adaptations et des milieux de vie différents : celle des « gradients sédimentaires », qui peuvent informer le géologue étudiant d'anciens sédiments de plateforme marine sur l'environnement dynamique régnant à l'époque de leur dépôt : par exemple, une augmentation en débris produits par la faune fixée peut indiquer la proximité d'une ancienne zone sous-marine parcourue par de forts courants sans sédimentation stable.

Premier (petit) pas du jeune chercheur, accompli grâce à une coopération interdisciplinaire, trop souvent interdite pas le cloisonnement traditionnel des études et des recherches universitaires. Sans la fréquentation assidue d'un biologiste, je n'aurais sans doute pas eu l'idée de transférer à la géologie sédimentaire les distinctions familières aux écologistes marins. Depuis ce temps déjà lointain, la méthode a été utilisée ici ou là, d'après la bibliographie. Mais il faut reconnaître qu'elle n'a pas beaucoup contribué à la notoriété scientifique de son auteur.

La « symbiose » entre biologie et géologie n'a pas duré au-delà de la soutenance de ma thèse d'État (1964), ni à la Station de Roscoff, ni ailleurs dans d'autres laboratoires maritimes. J'ai travaillé vingt-cinq ans dans un Observatoire océanologique (celui de Villefranche-sur-Mer) sans nouer le moindre lien scientifique avec les biologistes que je côtoyais pourtant tous les jours. C'est que les « interfaces » entre nos deux disciplines sont rares, sauf en Paléontologie et en Sédimentologie, on vient de le lire. Pour satisfaire leurs besoins de coopération scientifique, les géologues se tournent plutôt vers leurs collègues géophysiciens et géochimistes, du moins dans les domaines d'étude où je suis entré après avoir définitivement quitté la Station de Roscoff. À tel point que les frontières entre la géologie *sensu stricto*, la géophysique et la géochimie se sont peu à peu effacés, et qu'on réunit maintenant ces « sous-disciplines » dans l'ensemble plus vaste des « Géosciences » ou, plus simplement, des « Sciences de la Terre ». De la même façon, géologie marine et continentale, initialement distinguées en raison de leurs moyens d'investigation différents, sont aujourd'hui de plus en plus confondues, depuis que la tectonique des plaques a unifié la géologie en en faisant une science globale.

III
Première heureuse surprise, première erreur

Un jour de l'été 1959, au cours d'une sortie de dragages au large de Roscoff, j'ai eu la surprise de voir arriver sur le pont du Plutéus II les débris d'une roche rouge-sang, assez fragile pour tout colorer autour d'elle. J'attendais du dragage son ordinaire lot de sable, de gravier et de cailloux plus ou moins émoussés, et me voilà devant un produit totalement inattendu, du moins pour moi. Car les marins du bateau n'étaient pas autrement surpris. Ils connaissaient l'endroit, riche en homards, me dirent-ils ; mais ils ne pouvaient naturellement expliquer ni la roche prélevée, ni sa couleur.

Les homards sont des indices de fonds rocheux et accidentés. Délaissant quelques jours la récolte des sédiments, j'ai alors entrepris avec le sondeur du bord de dresser la carte topographique des lieux. Après dépouillement des données du sondeur, apparut un espace très plat, à 75 m de profondeur environ (la côte n'est pas très loin), creusé çà et là de dépressions fermées plus ou moins circulaires. Quelques dragages établirent que la roche rouge affleure au fond des dépressions et nulle part ailleurs, tandis que le bord des dépressions est constitué d'un calcaire jaune taraudé et corrodé par les organismes perforants et par l'eau de mer. Ce calcaire devient gréseux à l'approche des terrains granitiques qui les bordent au Sud, comme on peut s'y attendre à l'approche d'un ancien littoral producteur de sable siliceux (fig. 3).

Je n'ai eu aucun mal à identifier le calcaire, d'âge éocène (-45 Ma). Il était connu depuis longtemps en débris plus ou moins arrondis dispersés sur les plages de la région. Mais on ne savait pas d'où il provenait exactement. Notre exploration systématique m'apportait la réponse, et avec elle une première satisfaction : sans surprise, les débris rejetés sur les plages avaient leur source en mer. La forme plate du fond sous-marin là où nous avions prélevé le calcaire « en place » suggérait une couche tabulaire et horizontale, reposant sur la mystérieuse roche rouge accessible seulement au fond des dépressions. Quant à ces dépressions, ma mémoire d'enfance et d'adolescence en pays jurassien et provençal autant que mes études en Faculté me préparaient à y reconnaître les dolines d'un paysage karstique submergé. Bien après le dépôt et la consolidation du calcaire éocène, cette partie de la Manche avait donc été exondée et soumise à l'érosion chimique des eaux météoriques. J'avais appris sur les bancs de l'Université l'histoire géologique de l'ère quaternaire, faite de grandes glaciations et de régressions marines associées. Il m'était donc facile d'attribuer à l'une de ces régressions la formation des dolines dans le calcaire éocène alors que la Manche était émergée, et du même coup d'expliquer par le même événement l'épandage des cailloux plus ou moins émoussés et souvent éclatés par le gel que je récoltais par dragage avec les produits de l'activité biologique actuelle.

D'abord portée aux seuls sédiments meubles, voilà donc mon attention tournée vers leur substratum rocheux et vers l'histoire régionale au Quaternaire (de -2,6 Ma jusqu'au Présent) et, de là, au Cénozoïque (l'ère tertiaire). Je pouvais désormais interpréter les vastes dépressions qui parsèment les fonds marins très plats de la Manche, dont sa « fosse centrale », comme d'anciens poljés (des vallées karstiques fermées) créées à l'air libre en terrain calcaire, et évaluer d'après leur profondeur l'ampleur de la régression marine au temps de leur formation (plus de 200 m). Le prélèvement inattendu d'un calcaire taraudé et d'une roche rouge avait forcé le jeune assistant à élargir sa réflexion, et peut-être à échapper à l'enfermement dans la science des sédiments récents...

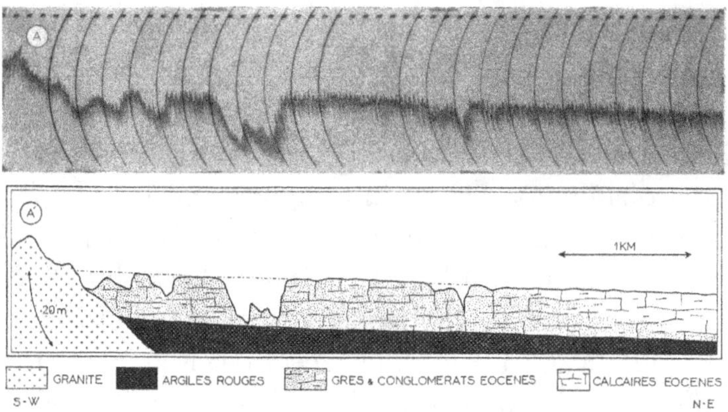

Fig. 3. Morphologie et géologie des fonds sous-marins au large de Roscoff (enregistrement du sondeur du bord à balayage circulaire (A) et coupe interprétative (A'). Les hauteurs sont fortement exagérées par rapport aux distances. Emplacement de la coupe sur la fig. 5.

Restait à identifier la roche rouge. Au cours de mes études, les seuls terrains de cette couleur rencontrées dans les tiroirs des salles de travaux pratiques ou sur le terrain à l'occasion de voyages d'étude provenaient de couches sédimentaires d'âge permien (-250 à -300 Ma, le « système » le plus récent de l'ère primaire, dite aussi paléozoïque). J'avais suivi les cours d'un spécialiste de cette époque, académicien fort respecté, et me voilà, dès mon retour à Paris, lui demandant un rendez-vous pour lui montrer mes échantillons. Opinant gravement de la tête le professeur confirma mon attribution : « Vous faites-là une vraie découverte ; personne ne soupçonnait la présence de Permien à l'endroit où vous l'avez trouvé... Les conséquences sont énormes ».

Quel jeune assistant n'aurait pas été grisé par un tel compliment, venant d'un personnage si haut placé dans la hiérarchie universitaire ? S'ensuivit une publication immédiate dans le journal de l'Académie des Sciences, sans autre précaution.

Hélas, quelques semaines après la parution de la note, me parvint une lettre fort polie de Georges Millot, professeur strasbourgeois, spécialiste des argiles rouges ou blanches : il me demandait de lui transmettre un échantillon de ma trouvaille, suspectant qu'il ne s'agissait pas de Permien, mais d'un produit d'altération des terrains granitiques de la Bretagne sous le climat chaud et humide qui a régné dans la région au début Cénozoïque (-60 Ma). Cette nouvelle attribution était d'autant plus vraisemblable que la roche rouge était recouverte d'un calcaire à peine plus récent (-45 Ma). De toute façon, l'analyse du contenu argileux de l'échantillon pouvait trancher, la nature minéralogique des argiles permiennes et cénozoïques étant très différente.

Ce qui fut fait, à ma grande confusion. Nouvelle note, rectificative celle-ci… J'avais ainsi appris à me méfier des gloires établies et des déterminations hâtives. On s'enrichit autant de ses erreurs que de ses réussites, dit-on…

Cependant, la géologie de mon territoire d'étude avait progressé : le calcaire témoignait d'un retour de la mer après le dépôt de la couche rouge, elle-même enrobant le socle breton alors exposé à un climat tropical. La superposition d'une couche calcaire perméable sur de l'argile imperméable est très favorable à une érosion karstique en cas d'émersion : l'eau de pluie traverse alors facilement les calcaires et s'arrête sur la couche imperméable sous-jacente.

Ce premier pas de géologue régional ne m'a pas conduit bien loin. Pour établir la première carte géologique sous-marine entre la Grande Bretagne et la France, il me faudra attendre d'avoir accès à un outil de prélèvement plus précis et plus efficace qu'une simple drague traînée sur le fond : le carottier par gravité, capable de prélever de petits échantillons du substratum rocheux, que celui-ci soit à l'affleurement ou recouvert d'une mince couche de sédiment.

Dans l'immédiat cependant, la découverte au large de Roscoff des terrains formant le substrat des sédiments que j'étudiais jusque-là préparait ma prochaine conversion à la géologie du passé et à l'abandon de celle du présent. Un virage capital dans ma jeune carrière, provoqué par le hasard d'un prélèvement inattendu de roches rouges... Mais auparavant, il me fallait traverser un long tunnel, où j'ai bien failli me perdre.

IV
Crise

Une fois établie la carte de la répartition des sédiments au large de la Station marine, puis dans la Manche occidentale tout entière, la question s'est posée de donner une suite à mon travail. La première idée qui m'est alors venue à l'esprit fut d'étudier le sens de migration des grains de sable qui cheminent sur le fond marin par l'effet des courants de marées. La résultante du flot et du jusant les porte-t-ils vers l'Est ou vers l'Ouest ? Comment suivre les sables sinon en les « marquant » et en les libérant sur le fond avant de les rechercher aux alentours du point d'immersion, et de mesurer ainsi la direction qu'ils ont prise et la distance qu'ils ont parcourue en un temps connu ? Ne souriez pas : l'exploitation des gisements de sable sous-marins dépend de leur renouvellement naturel, et les sables calcaires de la Manche servent à chauler les terres agricoles de la Bretagne.

Il ne pouvait être question d'un marquage radioactif dans une zone de pêche. Il fallait trouver autre chose. Avec l'étudiant qui m'était confié cette année-là pour l'initier à la recherche, nous avons d'abord prélevé en mer des dizaines, peut-être des centaines de kilos de sable calcaire dans un endroit bien « ventilé » par les courants marins. Après quelques jours de séchage en étuve, les sables ont été colorés par une peinture résistante à l'eau et détectable en lumière ultra-violette, puis inclus en chambre froide dans des blocs de glace, eux-mêmes emprisonnés dans des filets lestés de lourdes pierres. Il se trouvait à Roscoff une entreprise de congélation de crustacés, qui a rendu possibles ces préparatifs. Enfin la glace et son lest furent immergés en toute hâte à l'emplacement des prélèvements initiaux, avant que la glace ne commençât à fondre et ne libérât le sable qu'elle contenait. La difficulté du transport se doublait des précautions à prendre pour éviter de fausser l'expérience par une pollution de sable coloré sur le navire ou en pleine eau. Cette première étape de l'expérience fut cependant franchie avec succès.

Débuta alors la seconde, beaucoup moins heureuse : jour après jour, puis semaine après semaine, nous sommes revenus avec le bateau de la Station marine à quelque distance du site où nous avions prélevé les sables, puis noyé notre travail de peinture, pour y faire de nouveaux prélèvements. La drague allait-elle récupérer du sable coloré à l'Ouest ou à l'Est de ce site ? Retournés en laboratoire, enfermés dans une pièce obscure, l'étudiant et moi examinions à la lumière ultraviolette, grain après grain, le produit du dragage, dans l'espoir de voir soudain luire sous la lampe quelques restes de notre semailles. Rien. Malgré des jours et des jours passés dans le noir à se crever les yeux, nous ne découvrions toujours rien d'autre que du sable marin ordinaire, fait de débris bien calibrés de tests calcaires. Pourtant, des millions, peut-être des milliards de grains avaient été colorés et libérés sur le fond. Mais non, ils s'étaient volatilisés, c'est le cas de le dire. C'était très frustrant. Où était l'erreur ? Avions-nous sous-estimé la violence des courants et la vitesse de dispersion du sable ? La peinture était-elle plus fragile que prévu ?

Après des jours et des jours passés à cette vaine quête, 11 grains colorés furent quand même retrouvés à proximité du lieu d'immersion, tous à l'Est. Ils n'étaient pas assez nombreux cependant pour garantir la valeur démonstrative du test.

Un tel fiasco était pour le moins décevant. Décevant pour moi, bien sûr, l'initiateur de l'entreprise, mais encore plus pour l'étudiant qui m'accompagnait : il devait faire de l'expérience menée en commun le premier chapitre de son travail de recherche, et voilà que j'étais obligé de toute urgence de le réorienter vers un projet moins risqué. Enfin, décevant pour la Station marine, qui avait consenti à mettre à notre disposition son navire, mais qui refusait désormais de renouveler une opération jugée trop coûteuse pour le bénéfice attendu.

Ce premier échec en tout cas m'obligeait à un retour sur moi-même et sur mon action : un résultat aussi incertain valait-il tant d'efforts, depuis la récolte, le séchage, la coloration et la congélation des sables, jusqu'aux nombreuses sorties en mer et les longues séances en salle obscures ? À ce questionnement s'ajoutait une certaine culpabilité : si j'avais consulté un spécialiste, n'aurais-je pas mieux évalué la capacité des courants à disperser les sédiments, et choisi pour notre expérience un site mieux adapté ?

Je n'ai raconté cet épisode de ma vie professionnelle que pour ouvrir une réflexion sur les dangers du travail solitaire que je m'étais imposé à Roscoff, loin de ma communauté naturelle. Retranché d'elle pendant six ans, me voilà sans boussole et plus isolé que jamais au sortir de mon confinement parmi les biologistes. J'entrais dans une période d'incertitude et de doute, après six années de détermination et de confiance en mon étoile. J'apprenais à mes dépens qu'une recherche hors équipe et privée de soutien collectif n'est pas sans risque. Je m'interrogeais aussi avec anxiété, maintenant que mon premier projet de recherche était accompli, sur celui qui lui succéderait et me permettrait de reprendre une marche en avant. Car il était devenu urgent pour moi de « rebondir », comme on dit, du moins si je voulais persévérer dans une carrière de chercheur universitaire. Et je ne trouvais rien qui fût à ma portée. Le malaise qui me tourmentait alors, on le comprend, s'étendait bien au-delà de la déception d'une expérience scientifique ratée.

Me voilà donc, à 30 ans, dans une impasse. Ni la Station marine de Roscoff, ni mon laboratoire parisien de rattachement, ne me soutenaient maintenant. Chercheur isolé, je n'appartenais ni au monde des biologistes, ni à celui des géologues ; chez les uns comme chez les autres, j'étais perçu comme un étranger. Je garde encore de ce temps de désarroi, qui a duré plus de deux ans, un souvenir amer. Faute de reconnaissance de la part de ma communauté, je doutais de mon avenir, sans même être assuré de la valeur du travail accompli. J. Bourcart était maintenant en retraite. J'étais en conflit avec son successeur, L. Glangeaud, qui voulait m'imposer sa propre orientation scientifique. Devais-je me détourner de la recherche en mer, et revenir, comme l'enfant prodigue de la parabole, dans ma famille scientifique d'origine, celle de la géologie classique ? En était-il encore temps ? Peu à peu enfermé dans ce qui ressemblait beaucoup à une dépression, j'ai même songé un moment à renoncer à la recherche scientifique, et à me tourner vers la littérature et la peinture, déjà…

Cette malheureuse expérience en tout cas m'a appris combien il est difficile pour un chercheur scientifique de travailler « hors sol ». Plus jeune, en début de carrière, j'aurais sans doute accepté une direction scientifique m'intégrant dans la volonté collective d'un laboratoire. J'aurais alors bénéficié, avec la docilité d'un apprenti, de l'environnement scientifique et humain qui m'était offert. Le nouveau directeur de mon laboratoire parisien m'invitait à ce retour dans le rang. Après six ans de métier et une thèse de doctorat d'État, mon âge et sans doute ma personnalité m'interdisaient de sortir à ce prix du marasme où je m'enfonçais. Dès lors ne me restaient plus que l'abandon de la lutte ou le statut de « chercheur environné ».

Chercheur environné ? La longue liste des personnes que je remercie à la fin de cet ouvrage dit bien le chemin que j'ai finalement choisi, ou qui m'a été imposé par les circonstances :

celui d'un chef d'équipe, bientôt de laboratoire, faisant appel pour exister à de multiples compétences, et inversement donnant par sa situation, et peut-être par sa créativité, du grain à moudre aux chercheurs qui l'entouraient. À la condition de ne pas me servir de ce rôle pour établir une hiérarchie sociale entre chef de projet et les experts qui répondaient à son appel, j'ai pu ainsi surmonter la crise de ma trentième année[2], et suivre ensuite le parcours normal d'un professeur et d'un animateur scientifique. Avec le bénéfice de l'immunité acquise lors d'une maladie de jeunesse...

2. J'ai décrit avec plus de détails cette « crise » dans un récit romancé : Science sans Sapience, L'Harmattan, Paris, 2009, 141 p.

V
Accès à de nouveaux outils : les carottiers à roche et la sismique réflexion légère

En 1965, ma thèse de doctorat sur la Manche occidentale, publiée un an plus tôt, attira l'attention d'Étienne Winnock, un géologue « pétrolier » de la SNPA (Société Nationale des Pétroles d'Aquitaine), chargé par son entreprise d'écrire un rapport sur la géologie de la Manche, une région qui pouvait se révéler fertile en hydrocarbures. À l'époque, les géologues marins étaient rares dans l'Université, et mon expérience régionale pouvait épargner à mon collègue de l'industrie bien des recherches bibliographiques ou exploratoires.

Son intérêt pour mon travail s'accrut encore du jour où il m'entendit parler du carottier que des géologues anglais avaient mis au point pour prélever dans une mer peu profonde (moins de 200 m) des échantillons du substrat rocheux et non plus seulement des sédiments meubles superficiels (le carottier Stetson-Hill, du nom de ses concepteurs). L'appareil, une sorte de petite torpille attachée au bout d'un câble, fonctionnait en chute libre. Muni d'un court tube, la tête en bas pendant la chute grâce aux ailerons de sa queue, il frappait alors la roche, et prélevait (parfois) un petit échantillon dans l'ogive d'acier qui terminait le tube, du moins quand l'absence ou la faible épaisseur de la couche de sédiment meuble le permettait. Le laboratoire où je travaillais à Paris n'avait malheureusement pas les moyens ni la volonté d'acquérir l'outil, qui aurait pu étendre au substratum des sédiments l'exploration que j'avais entreprise jusque-là de la seule couverture sédimentaire. Quant à la Station biologique de Roscoff, elle ne pouvait pas davantage s'intéresser à un équipement qui ne relevait pas de ses missions.

Ce dont j'avais rêvé, E. Winnock l'a donc fait. Il subventionna, avec les moyens de sa Société, les achats d'appareils et de leurs pièces de rechange, et le petit carottier fut essayé avec succès autour de la Bretagne. De sédimentologue j'étais ainsi promu géologue marin à part entière, je veux dire ouvert à l'histoire géologique complète des mers que j'étudiais, et pas seulement à leur couverture sédimentaire et leur histoire récentes. Depuis, j'ai délaissé sans trop de regrets la sédimentologie et ses méthodes, dans la recherche comme dans l'enseignement.

Fig. 4. Le carottier à roche Ville à bord du Job-Ha-Zélian. En chute libre au bout du câble, le tube et l'ogive sont dirigés vers le bas grâce aux ailettes situées à la queue du carottier.

1966-1975 : dix années vouées à l'utilisation du carottier de Stetson-Hill, ou de celui de Ville, plus performant, qui lui a succédé (fig.4). Notre navire ordinaire à cette époque, était un ancien chalutier de 22 m à peine transformé, le « Job-Ha-Zélian », encore moins confortable que le Pluteus II de mes débuts. Accompagné désormais par quelques « doctorants » de la Faculté des sciences de Rennes où je venais d'être nommé en 1967, et par plusieurs jeunes collègues d'autres Universités qui s'intéressaient à mon entreprise, nous avons promené l'outil sur les plateformes continentales européenne depuis le détroit du Pas-de-Calais jusqu'à celui de Gibraltar, et recueilli des centaines d'échantillons rocheux. Nous avons ainsi ouvert à la connaissance géologique la moitié méridionale de la plateforme continentale européenne, jusque-là très mal connue malgré les travaux de quelques précurseurs.

Pourtant, la technique ne pouvait apporter que des données ponctuelles, séparées par des kilomètres de terrains inconnus entre les lieux de carottage. Opportunément, dès le milieu des années soixante, les géophysiciens du BRGM (Bureau de Recherche Géologique et minière), sous l'impulsion de Robert Horn et de Philippe Bouysse, ont introduit en France un autre instrument de la recherche géologique en mer, la sismique réflexion légère, qui produit une image continue de la structure géologique superficielle entre les points de prélèvements. Dans cet appareil, le signal à ultra-sons du sondeur classique est remplacé par un émetteur de sons à basse fréquence qui se réfléchissent non seulement sur le fond marin mais aussi sur les discontinuités géologiques du tréfonds, un peu comme l'échographie médicale renseigne sur la forme et l'état de nos organes.

Avant d'avoir accès nous-mêmes à ce nouvel outil, nous nous sommes donc associés avec nos collègues géophysiciens du BRGM, ceux-ci apportant les images (en « coupes » verticales), tandis que nous identifiions le contenu de ces images par les prélèvements géologiques superficiels. Dès lors, la cartographie devenait possible, par une démarche inverse de celle d'un étudiant qui établit une coupe géologique d'après une carte étalée sur sa table de travaux pratiques.

Tandis que les « pétroliers » (à cette époque, la SNPA, puis ELF) continuaient à nous soutenir financièrement, le CNEXO (Centre National pour l'exploitation de l'Océan), l'Organisme national chargé depuis peu de la coordination en France de la recherche océanologique, s'intéressait à son tour à notre action, et nous offrait les moyens nautiques et techniques de l'étendre. Il n'est pas utile sans doute de décrire une nouvelle fois cette aventure collective, déjà racontée ailleurs[3]. Je rappelle seulement qu'elle aboutit à étendre d'un bon tiers la carte géologique de la France au millionième en y incluant sa plateforme continentale (y compris la Manche) naguère laissée en blanc. Je ne peux non plus revendiquer autrement qu'en coordonnateur et principal rédacteur de la carte (fig. 5) le succès d'une entreprise qui prend aujourd'hui des couleurs historiques, tant furent nombreuses les équipes et les géologues spécialistes, à terre ou en mer, à avoir participé d'une manière ou d'une autre à l'entreprise.

En revanche, c'est à la seule jeune équipe que nous formions à Rennes que revient le mérite de s'être laissée emporter au-delà de l'espace national, et d'avoir établi les premières cartes géologiques des plateformes atlantiques de l'Espagne et du Portugal, à la même échelle du millionième et avec les mêmes outils, mais en maitrisant à notre tour la sismique réflexion légère. Nous inaugurions ainsi le « chantier » des marges atlantiques de la péninsule ibérique, un terrain de pêche extraordinairement riche, la suite va le montrer, que je n'abandonnerai qu'à la fin de ma carrière scientifique.

3. Boillot, G., 2012. Des marges continentales atlantiques aux chaînes plissées : les recherches françaises entre 1967 et 2000. Travaux du Comité français d'Histoire de la Géologie (COFRHIGEO), 3e série (tome 26, 1), pp. 1-24.

Je souhaite au passage souligner tout le bénéfice que j'ai tiré de la coopération des géologues et des géophysiciens, des Compagnies pétrolières et des équipes universitaires, et enfin du soutien des Organismes publics chargés de valoriser les ressources naturelles du pays et de son espace maritime. Avant de concentrer les efforts sur un problème géologique particulier, il fallait en effet dresser l'inventaire des lieux. Dans notre discipline, l'établissement de cartes géologiques est le meilleur moyen d'y parvenir. Notre entreprise, on le comprend, n'était donc justifiée au départ que par la curiosité scientifique et l'intérêt économique porté à l'exploration de terres inconnues. À ce stade de la recherche, notre quête n'était encore guidée par aucune hypothèse scientifique.

C'est en cours de route, après 1968, que nous avons pu profiter des nouveaux concepts de la tectonique des plaques, et interpréter les résultats inattendus obtenu par les hasards de l'exploration. Nous n'avons pas inventé non plus une nouvelle méthode : la mise en œuvre conjointe des prélèvements géologiques et de la sismique réflexion était déjà d'utilisation courante dans l'exploration pétrolière. Mais c'était à une échelle à laquelle nous ne pouvions prétendre. Notre apport est d'avoir su miniaturiser la méthode, remplaçant le forage par le carottage superficiel, et la sismique industrielle lourde par une imagerie beaucoup plus légère. En contrepartie, les outils dont nous disposions ne donnaient accès qu'à l'observation des premières centaines de mètres sous le plancher marin (sismique), et à l'échantillonnage des terrains affleurant directement sur le fond marin (carottage).

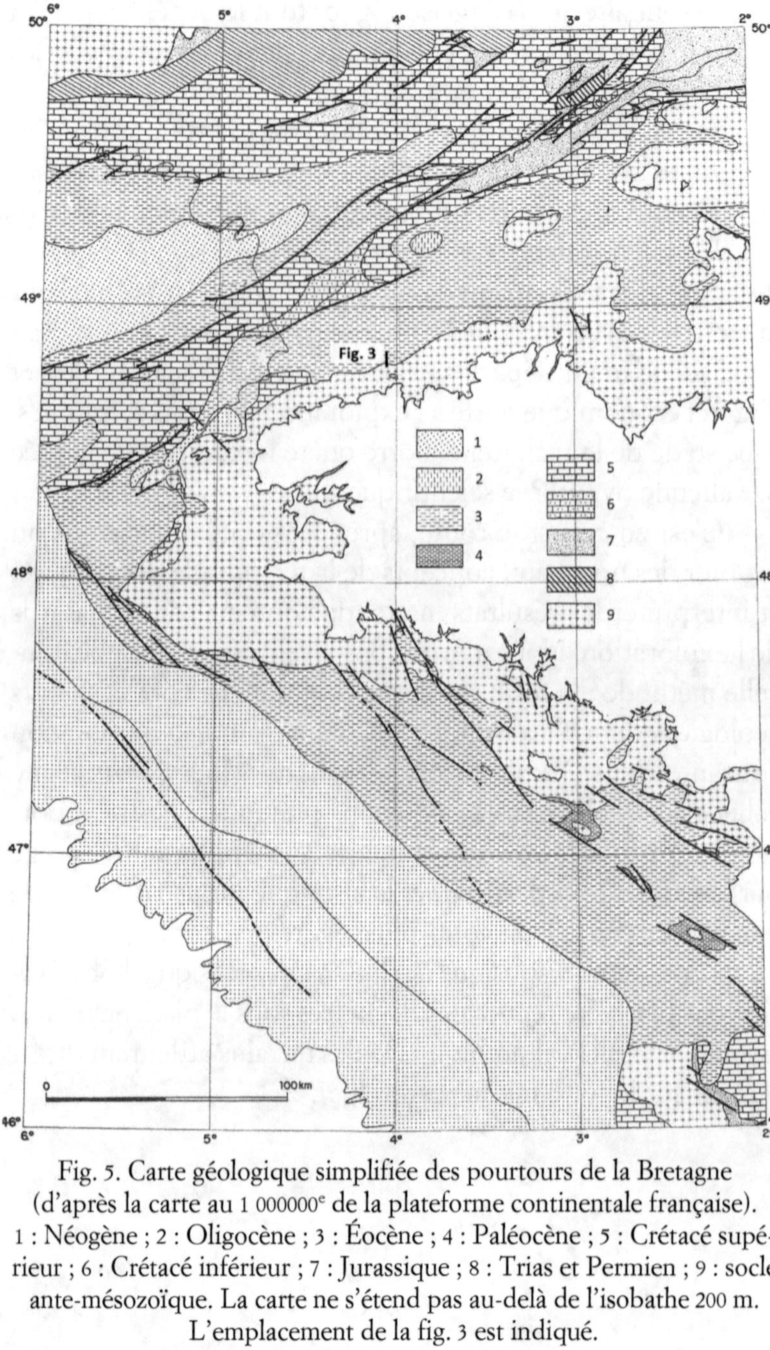

Fig. 5. Carte géologique simplifiée des pourtours de la Bretagne (d'après la carte au 1 000000e de la plateforme continentale française). 1 : Néogène ; 2 : Oligocène ; 3 : Éocène ; 4 : Paléocène ; 5 : Crétacé supérieur ; 6 : Crétacé inférieur ; 7 : Jurassique ; 8 : Trias et Permien ; 9 : socle ante-mésozoïque. La carte ne s'étend pas au-delà de l'isobathe 200 m. L'emplacement de la fig. 3 est indiqué.

Toute l'histoire de la géologie est jalonnée de spectaculaires progrès initiés par l'introduction de nouvelles techniques. Faut-il rappeler que la tectonique des plaques elle-même est née de la mise en évidence des anomalies magnétiques océaniques ? Que la cartographie de ces anomalies depuis la surface n'a d'abord été entreprise qu'à des fins militaires (la navigation en eau profonde des sous-marins à propulsion nucléaire) ? C'est ensuite que la répartition de ces anomalies, en certains lieux incompréhensibles selon les connaissances et les idées du moment, a mis les scientifiques sur le chemin de la théorie qui allait révolutionner notre discipline. Les résultats de la mise en œuvre conjointe du carottier à roche et de la sismique réflexion légère paraissent certes moins spectaculaires. On va voir cependant combien, malgré leur simplicité, ces deux techniques ont apporté un vrai progrès dans la connaissance des marges continentales « passives » et des chaînes de montagne qui en sont issues.

VI
La tectonique des plaques et ses applications régionales

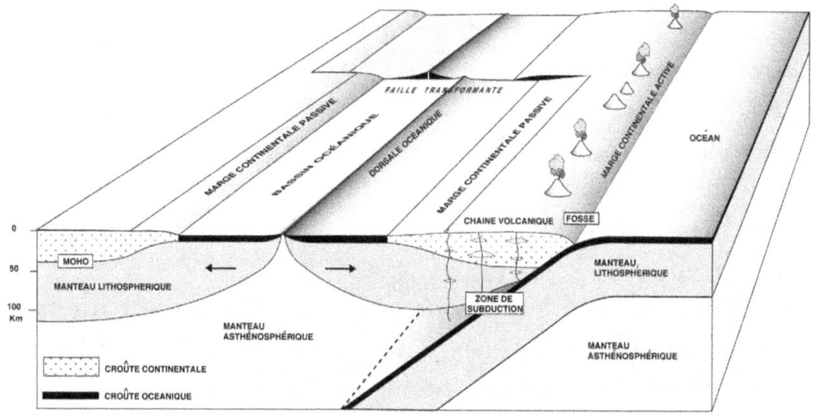

Fig. 6. Schéma de la tectonique des plaques. La lithosphère (croûte et manteau supérieur) est un milieu rigide, qui transmet des contraintes avec leur orientation. L'asthénosphère (manteau inférieur), quoique solide, transmet au contraire les pressions dans toutes les directions, comme un liquide. Elle est le siège de lents mouvements de convection (de l'ordre du cm/an), qui entraînent les plaques dans leur mouvement de convergence ou de divergence.

Je reviens un peu en arrière. La théorie de la tectonique des plaques lithosphériques (fig. 6) a été formulée en 1968. Sa pertinence n'a pas été tout de suite perçue par ma communauté scientifique. J'ai eu la chance d'avoir été l'un des premiers à être convaincu par l'un de ses concepteurs, Xavier Le Pichon. Celui-ci m'avait invité en voisin (il venait de s'installer au laboratoire du CNEXO de Brest, tandis que j'enseignais à Rennes) à participer à une campagne qu'il dirigeait dans le proche Atlantique, et j'avais pu ainsi l'écouter et me faire son disciple le temps de notre confinement en mer. À 35 ans, j'avais encore l'esprit assez disponible pour accueillir une parole qu'un certain nombre de mes collègues plus âgés refusèrent d'abord.

C'est ainsi que je pus donner un peu plus tard tout leur sens à plusieurs découvertes faites lors de notre systématique exploration péri-ibérique entreprise peu après celle des mers françaises.

En 1969, nous avons en effet été incités à entrer dans les eaux espagnoles par un collègue rouennais, Michel Lamboy, qui préparait une thèse de doctorat sur les sédiments de la plateforme continentale située au Nord de la Galice. Ce collègue attendait de nous et de nos carottiers que nous étendions sa recherche au substratum des sédiments, comme nous l'avions fait auparavant en Manche ou sur la plateforme armoricaine.

En répondant à son invitation nous ne nous attendions cependant pas à trouver en mer d'autres terrains que ceux connus à terre et âgé d'au moins 250 Ma (Paléozoïque), appartenant à l'ancienne chaîne de montagne arasée (la chaîne hercynienne) formant le « socle » de la péninsule ibérique. Et voilà que, à notre grand surprise, ce sont des terrains mésozoïques (grès, marnes et calcaires, vieux de 150 à 65 Ma ou plus récents) que nous découvrons en mer cantabrique. Identifiés d'après nos échantillons par Pierre-Alain Dupeuble, ces terrains affleurant sous la mer sont les mêmes que ceux connus à terre plus à l'Est, dans la « zone nord-pyrénéenne » (le flanc septentrional et français de la chaîne). Plus surprenant encore, (j'anticipe un peu sur les résultats de la campagne de sismique qui a suivi celle de la prise d'échantillons), ces terrains ont subi, comme dans la zone nord-pyrénéenne émergée, les effets d'un plissement survenu au Cénozoïque, avant le dépôt de couches d'âge éocène (-45 Ma), moins ou pas du tout déformées.

Ainsi, dès le début des années 70, avec les quelques chercheurs et étudiants rennais qui m'entouraient alors, nous avons découvert que les Pyrénées, au sens géologique du terme, se continuent sous la mer depuis le Pays Basque jusqu'au large de la Galice, face à l'Atlantique, entre la côte espagnole et les grands fonds océaniques du Golfe de Gascogne. C'était la seconde « divine surprise » de ma carrière de géologue marin, après celle du dragage des roches rouges au large de Roscoff.

Nous pouvions être fiers : doubler la longueur de la chaîne pyrénéenne tout en ouvrant de perspectives nouvelles à la recherche pétrolière en mer avait de quoi griser une jeune équipe soudain mise en lumière par ses annonces spectaculaires. Du même coup, son chef gagnait beaucoup en visibilité parmi ses pairs, et pouvait bénéficier de nouveaux soutiens et prétendre à de plus grandes responsabilités.

Toutefois, l'interprétation de notre découverte manquait encore. Comment des terrains sédimentaires mésozoïques (de l'ère secondaire) avaient-ils pu être plissés en bordure du continent ibérique, face à un espace océanique non déformé (le Golfe de Gascogne) ? Dans sa conception classique, le raccourcissement horizontal à l'origine d'un plissement résulte du rapprochement des deux « mâchoires » continentales se refermant sur le contenu d'un bassin sédimentaire. Tel est bien le cas à l'Est, où le Bassin d'Aquitaine et l'Ibérie s'affrontent en donnant naissance à la chaîne plissée pyrénéenne. Mais à l'Ouest, dans le Golfe ? Là manque manifestement l'une des mâchoires, la septentrionale. À sa place on ne trouve qu'un espace océanique où la profondeur atteint 5 km, et où les sédiments sont restés dans leur position de dépôt…

Enigme pour le géologue d'hier, banalité pour les défenseurs de la tectonique des plaques : selon X. Le Pichon et J.-C. Sibuet, c'est la subduction (l'enfoncement) sous l'Ibérie, au début du Cénozoïque (l'ère tertiaire), d'une partie de la lithosphère océanique du Golfe de Gascogne attenante à la plaque européenne, qui est la cause du plissement des terrains constituant aujourd'hui l'ossature de la plateforme continentale nord-espagnole (fig. 7). La marge septentrionale du continent ibérique a alors été raccourcie sous l'effet des contraintes horizontales N-S générées par le frottement entre les deux plaques convergentes, tandis que la superposition d'une croûte continentale et d'une croûte océanique au Sud de la côte actuelle provoquait par réaction isostatique la naissance de reliefs encore vigoureux aujourd'hui (les Pics d'Europe, notamment).

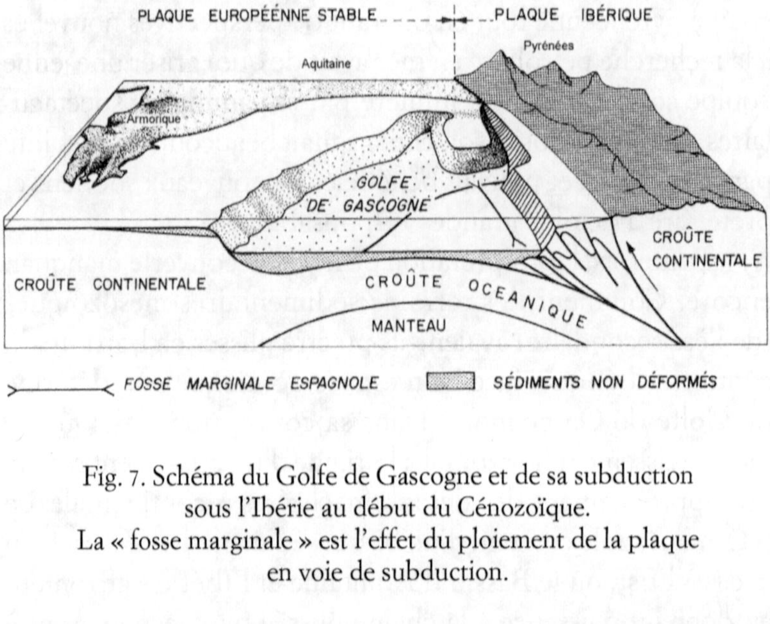

Fig. 7. Schéma du Golfe de Gascogne et de sa subduction sous l'Ibérie au début du Cénozoïque. La « fosse marginale » est l'effet du ploiement de la plaque en voie de subduction.

Mais alors, qu'en est-il à l'Est, du Pays Basque à la Méditerranée ? La continuité de la chaîne montagneuse qui s'étend depuis les sommets des Pyrénées orientales jusqu'à la Galice, en passant par la marge méridionale du Golfe de Gascogne, implique-t-elle que le même moteur (la convergence des plaques et la subduction de l'une d'elles) a agi de la même façon d'Est en Ouest ?

De la réponse à cette question allait naître les concepts nouveaux que j'ai plusieurs fois annoncés. Des concepts applicables à la géologie tout entière, et pas seulement au cas particulier des Pyrénées, je le redis aussi. Mais l'esprit est lent quand il s'aventure dans des espaces de pensée jamais parcourus. Il nous faudra souvent de longs mois, parfois plusieurs années, avant d'évaluer toutes les conséquences de nos découvertes, et de répondre à toutes les questions qu'elles posaient au moment où nous les avons faites.

Un rappel préliminaire pour introduire la suite. Avant de disparaître par subduction, un bassin océanique se créé par extension horizontale et déchirure d'un continent (« rifting », en Anglais) ; puis, quand les deux parties du continent (portées par les deux plaques divergentes) se sont séparées, par la création entre elles de lithosphère océanique à l'axe d'une dorsale (Fig. 8). Les marges continentales « passives » (passives parce qu'elles évoluent désormais très lentement) qui se font alors face ont hérité chacune la moitié du rift originel et, avec lui, ses structures : failles normales (d'effondrement) limitant des blocs de croûte continentale de dimensions kilométriques ou déca-kilométriques, mais aussi de dimension plus réduites, affaissés vers l'axe du rift pendant son fonctionnement, figés ensuite dans leur position en bordure de l'espace océanique nouvellement créé.

Quelles formes ont pris ces blocs pendant l'extension continentale ? Constituent-ils de simples marches d'escalier, descendant depuis les « épaules » du rift vers son axe, puis de la plateforme continentale aux grands fonds après la naissance de l'océan ? Ou bien ont-ils basculé au cours de leur effondrement, guidés par des failles courbes, un peu à la manière d'un corps en repos glissant sur la toile tendue d'une chaise longue ? La question n'est pas futile ; le basculement éventuel en effet donne naissance, au sommet des blocs, à des demi-fossés tectoniques et à des pièges éventuels pour des hydrocarbures, que ne peuvent générer des bocs s'abaissant sur des failles planes.

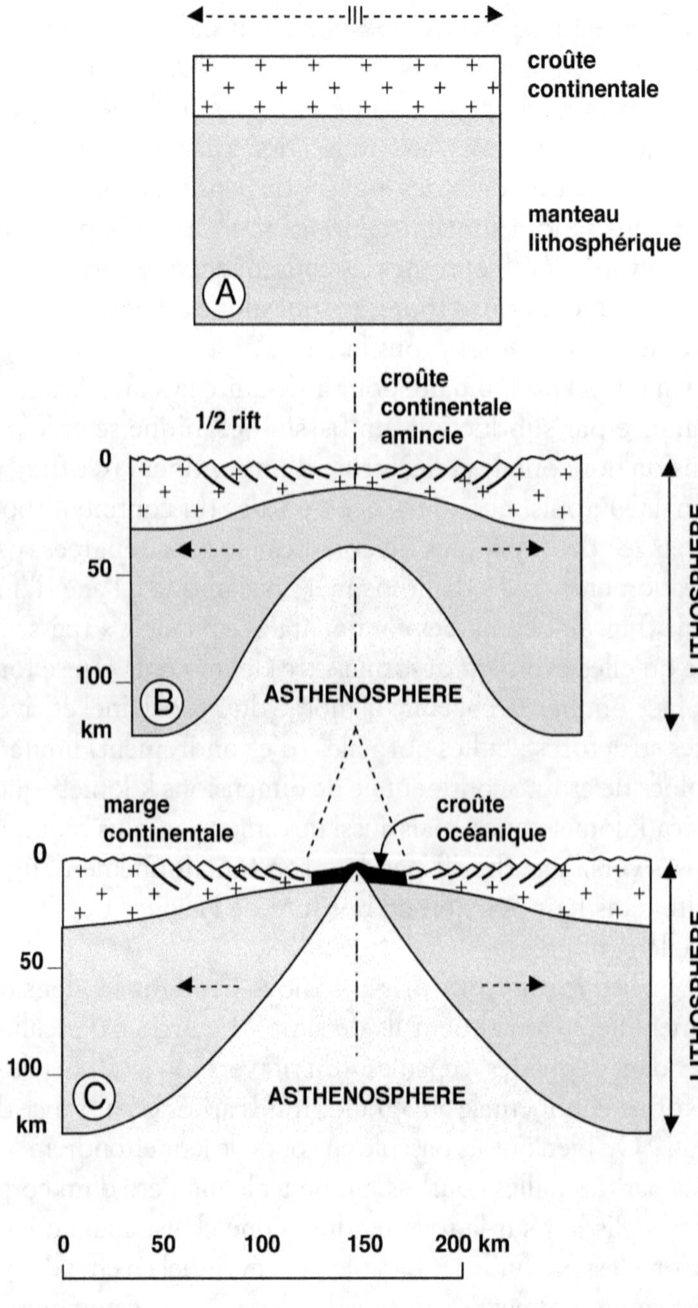

Fig. 8. Schéma de la rupture continentale et de l'ouverture océanique, selon le modèle en vigueur dans les années 70 (aplatissement, ou cisaillement pur, de la lithosphère).

En 1970, les images sismiques disponibles ne permettaient pas encore de répondre à la question. C'est donc en me souvenant, une fois de plus, de l'enseignement de mon ancien maître Bourcart que, à l'occasion d'un colloque, j'ai plaidé la cause du basculement. Le vieux professeur avait beaucoup lu sur les effets du creusement du canal de Panama, et décrivait devant ses étudiants les « failles panaméennes » qui faisaient s'effondrer les berges de l'ouvrage à mesure de l'avancement des travaux. Le jeu de ces failles en forme de cuiller provoquait le basculement vers les berges des blocs de rocher. La réminiscence de l'enseignement magistral me préparait donc à transposer ce qu'avait montré le canal en construction au cas naturel d'un espace océanique en voie d'ouverture.

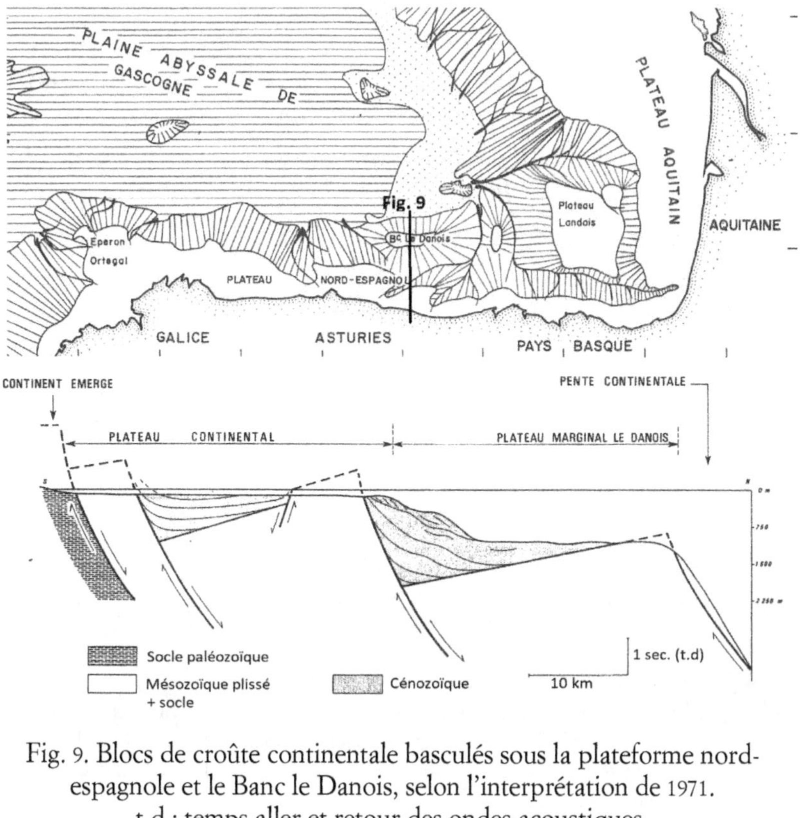

Fig. 9. Blocs de croûte continentale basculés sous la plateforme nord-espagnole et le Banc le Danois, selon l'interprétation de 1971.
t.d : temps aller et retour des ondes acoustiques.

J'étais par ailleurs conforté dans cette idée (et dans mon argumentation face à mes collègues) par les images morphologiques et sismiques du « Banc Le Danois », au Nord des Asturies, dont nous avions fait un de nos objets d'étude[4] : le haut-fond offre en effet la forme et la structure d'un bloc basculé de dimensions hecto-kilométriques (fig. 9). Les images sismiques enregistrées un peu plus tard par les compagnies pétrolières françaises et l'Institut Français du Pétrole (IFP) sur la marge continentale armoricaine, puis sur celle de Galice (*cf.* fig. 16, chapitre XI, et fig. 20, chapitre XIII), montreront sans ambigüité la réalité des blocs et de leur basculement dans le soubassement du rift initial.

À cette époque (fin des années 60 et début des années 70), la connaissance des marges continentales « passives » progressait donc rapidement sous l'impulsion du monde pétrolier et du CNEXO. Il était urgent pour nous de monter dans ce train-là, même s'il était déjà en marche. Nos travaux sur les plateformes continentales nous en facilitaient l'accès, en dépit de la modestie de nos moyens comparés à ceux de nos collègues des autres Institutions.

4. Le bloc basculé du Banc Le Danois n'est cependant pas du même âge que ceux qui forment l'ossature de la marge armoricaine lui faisant face. L'étude de la plate-forme adjacente a montré que le Banc résulte de l'effondrement de la marge nord-espagnole au Cénozoïque, il y a 35 Ma environ, lorsque celle-ci est redevenue passive après avoir été active lors de la subduction de la lithosphère du Golfe de Gascogne et son plissement principal.

VII
L'inversion tectonique

Notre réflexion sur la géologie du golfe de Gascogne et des Pyrénées a grandement progressé du jour où nous avons remplacé la proposition initiale : « *Vers l'Ouest, la zone nord-pyrénéenne se prolonge sous la mer dans la marge continentale nord-espagnole* », pourtant déjà surprenante, par une autre, très proche et cependant singulièrement plus féconde : « L*a marge méridionale du Golfe de Gascogne se continue dans la zone nord-pyrénéenne émergée, l'une et l'autre serrées et déformées au Cénozoïque par la convergence entre les plaque ibérique et ouest-européenne.* La zone nord-pyrénéenne doit donc être interprétée comme le produit de la collision et de la déformation de deux marges continentales, d'abord passives au Mésozoïque, avant que l'une d'entre elles, la méridionale, devint active dans la première partie du Cénozoïque.

Rappelons en effet que la densité relativement faible de la lithosphère portant une croûte continentale interdit en général sa subduction, à la différence d'une lithosphère océanique dont la croûte est plus mince et la densité plus élevée, ce qui lui permet de plonger dans l'asthénosphère. Le destin des continents et de leurs marges est donc de rester à la surface du globe en cas de convergence de plaques, tout en subissant une intense déformation à leurs bordures en cas de collision avec un autre continent.

Un seul mécanisme de disparition des espaces océaniques séparant au Mésozoïque l'Ibérie du reste de l'Europe expliquait ainsi l'ensemble du système pyrénéen : résorption partielle par subduction au Sud du Golfe ; à terre subduction avant la collision qui a arrêté il y a 45 millions d'années la convergence des plaques. En mettant en évidence le passage d'une chaîne de subduction au Sud du Golfe de Gascogne à une chaîne de collision dans les Pyrénées émergées, notre étude régionale contribuait de façon décisive à l'émergence de l'idée aujourd'hui banale selon lequel la plupart des chaînes plissées sont d'anciennes marges continentales déformées dans des zones de collisions continentales. Le simple renversement de pensée que je viens de formuler ouvrait la voie à une nouvelle haineinterprétation géologique de la plupart des chaînes plissées.

Aujourd'hui encore, je m'étonne que ce second pas en direction d'une meilleure exploitation de nos résultats ait demandé tant de temps pour être franchi. D'autant que nous n'avions rien inventé : la tectonique des plaques prévoyait dès son énoncé que la fermeture d'un bassin océanique par subduction aboutit nécessairement à mettre en contact et à écraser l'une sur l'autre les deux marges de ce bassin auparavant séparées, l'une active, l'autre passive. Ce n'est pourtant qu'en 1977 que nous avons publié avec Raymond Capdevila l'article scientifique qui faisait des Pyrénées émergées une chaîne plissée née de la collision entre les marges continentales européenne et ibérique, après la disparition par subduction de l'espace océanique qui les séparait auparavant.

Une petite digression à l'intention de mes lecteurs géologues. Dès 1971, Lucien Montadert, en collaboration avec ses collègues de l'IFP et des Compagnies pétrolières françaises, avait reconnu dans le bassin aquitain la continuation orientale de la marge continentale sud-armoricaine. Pourquoi n'avoir pas recherché aussitôt dans les Pyrénées l'autre marge, celle de l'Espagne, qui fut d'abord passive avant de devenir active au début du Cénozoïque ?
C'est qu'un tabou l'interdisait encore. X. Le Pichon en effet avait proposé de faire des Pyrénées non pas une chaîne de collision, mais la cicatrice d'un gigantesque décrochement (une « faille transformante » intracontinentale) actif pendant le Mésozoïque (entre -115

et -70 Ma). Ce mouvement d'Ouest en Est de l'Ibérie par rapport à l'Europe expliquait à la fois l'ouverture du Golfe de Gascogne et l'orientation des Pyrénées. Ensuite, toujours selon cette hypothèse, le décrochement et ses structures associées ont été serrés au Cénozoïque, donnant naissance à la chaîne actuelle.
L'erreur n'est pas du tout dans la réalité ni dans l'ampleur du mouvement de l'Ibérie par rapport à l'Europe stable, attesté par la disposition des anomalies magnétiques du proche Atlantique ; elle fut d'avoir confiné le décrochement en milieu continental, où ses traces sont difficiles, sinon impossibles à reconnaître, malgré tous les efforts des partisans du modèle (P. Choukroune). C'est plus probablement en milieu océanique, dans l'étroit prolongement oriental du Golfe de Gascogne qui s'ouvrait alors entre l'Ibérie et l'Aquitaine, que ce mouvement a été absorbé par une étroite dorsale océanique au fonctionnement très oblique. Il reste que l'énoncé d'une hypothèse séduisante et bien documentée (le mouvement de l'Ibérie par rapport au reste de l'Europe), par le confort intellectuel qu'elle apportait a probablement retardé notre propre réflexion sur l'origine de la chaîne aux dépens d'un ancien espace océanique et de ses marges.

Notre interprétation impliquait donc l'existence au Mésozoïque d'un espace océanique prolongeant le Golfe de Gascogne entre l'Aquitaine et l'Ibérie. Ce qui était alors une supposition nécessaire à notre hypothèse à été démontré un peu plus tard par les progrès de la cartographie des anomalies magnétiques du proche Atlantique, qui a permis de reconstituer le mouvement relatif des plaques en présence : à la fin des temps mésozoïques, la péninsule ibérique n'était pas jointive de l'Aquitaine, mais écartée d'au moins 150 kilomètres, une distance que le plissement ultérieur des Pyrénées ne peut expliquer à lui seul.

Une autre preuve sera apportée par la géologie de terrain, permettant de localiser dans la zone nord-pyrénéenne la « cicatrice » de l'espace océanique perdu. On connait depuis longtemps dans cette zone des massifs de péridotites issues du « manteau » (les « lherzolites, qui tiennent leur nom de l'étang de Lherz, en Ariège), associées à des terrains sédimentaires mésozoïques. De telles roches témoignent de la rupture complète de la croûte continentale entre l'Ibérie et le reste de l'Europe. Elles sont des reliques de l'espace océanique englouti (*cf.* chapitre X). C'est donc là qu'il faut aussi situer la « suture » cénozoïque entre les plaques entrées en collision après la disparition de ce bassin par subduction.

Reste, encore disputée aujourd'hui, non pas la réalité d'une subduction au début du Cénozoïque, maintenant généralement admise (il faut bien résorber l'espace océanique créé au Mésozoïque), mais son orientation : vers le Sud, comme dans le Golfe de Gascogne, ou vers le Nord ?

Vers le Sud me semble relever du simple bon sens, compte tenu de la localisation dans la zone nord-pyrénéenne de la suture entre les plaques européenne et ibérique entrées en collision au Cénozoïque : au Nord, aucun effet d'une superposition de plaque ne s'observe dans le Bassin d'Aquitaine, tandis que, au Sud, les reliefs pyrénéens, alignés avec ceux des Asturies (les Pics d'Europe) et du Pays Basque, en sont des témoins difficilement récusables.

Je sais que la structure actuelle de la chaîne, révélée par la sismique, a fait opter mes collègues géophysiciens pour une subduction vers le Nord, sous la zone axiale (la haute chaîne) ce qui reporte la suture des plaques en Espagne, où cependant aucune donnée de terrain ne la révèle. Pour défendre notre interprétation, je leur fais remarquer que la subduction pyrénéenne s'est arrêtée il y a 45 Ma, et que les images qu'ils ont mise en évidence représentent les Pyrénées actuelles. Dans les Alpes, des « rétrocharriages » ont suivi la subduction et la collision téthysiennes. Le même phénomène a pu se produire aussi dans les Pyrénées, au paroxysme de la collision ou plus tard, et brouiller la structure initiale résultant de la seule subduction. Il y a eu du temps pour cela, en 45 millions d'années…

Laissons cette question, qui relève des spécialistes et de leurs controverses, pour lire l'histoire régionale plus ancienne. Avant que ne débute sa subduction, le bassin situé entre l'Ibérie et l'Europe, dont l'existence est maintenant bien établie, était donc bordé au Mésozoïque par les deux moitiés du rift continental qui avait précédé son ouverture (*cf.* fig.8). Il faut donc voir, à cette époque et à l'emplacement de l'ensemble actuel Bassin d'Aquitaine-Pyrénées émergées deux marges continentales passives se faisant face, orientées Est-Ouest, constituées de blocs de croûte continentale basculés entre des failles normales courbes, et situées de part et d'autre d'un étroit bassin océanique. Il faut aussi imaginer le devenir de ces blocs et de ces failles quand les plaques sont entrées en contact : les failles normales (d'effondrement) devenant alors des failles inverses (jouant en sens inverse, celui imposé par le raccourcissement horizontal), les blocs des écailles tectoniques empilées et même des nappes de charriage (fig. 10). Un paquet de cartes (les blocs) avait été étalé au moment du rifting ; il est rassemblé à l'heure de la collision. Voilà introduit le concept d'« inversion tectonique » : la reprise en sens contraire des structures nées par extension pendant le rifting, aboutissant à un nouvel épaississement de la croûte sous l'effet de son raccourcissement horizontal pendant l'édification de la chaîne de montagne.

On se souvient de la discussion à propos de la forme de ces blocs : leurs positions sur d'anciennes failles courbes, actives lors du rifting, a probablement facilité leur empilement dans la chaîne au moment du serrage, quand les failles ont rejoué en sens inverse.

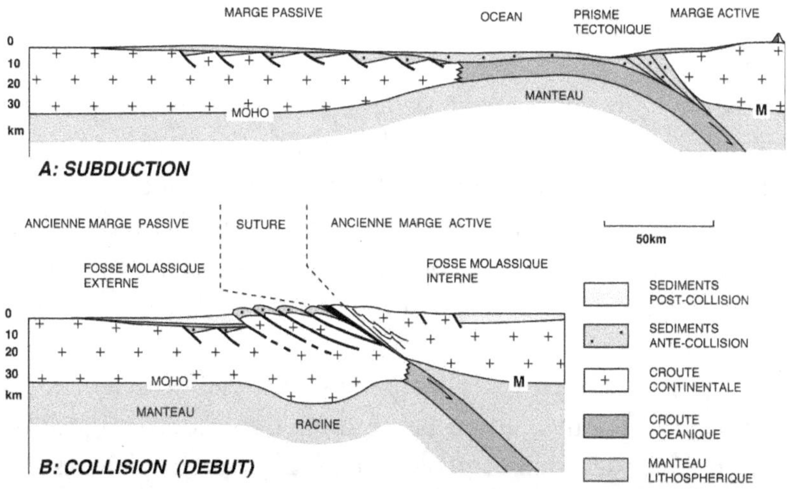

Fig. 10. Schéma de la convergence de deux plaques et de l'inversion tectonique, pouvant s'appliquer à la chaîne pyrénéenne et au bassin d'Aquitaine (à gauche de la figure). M : moho.
Cas des Pyrénées : A : situation au début du Cénozoïque (-65 Ma) ; B : situation à l'Éocène (-45 Ma). Les « fosses molassiques » sont des bassins sédimentaires créés de part et d'autre de la chaîne de montagne sous l'effet de sa surcharge. Voir aussi la fig. 14.

C'est donc de notre étude régionale et des débats qu'elle a entraînés qu'a surgi l'idée capitale de l'inversion tectonique, qui allait désormais guider l'analyse des chaînes de montagne un peu partout dans le monde (le concept a précédé de quelques années sa dénomination par des auteurs anglo-saxons). Une idée qui n'était pourtant qu'une implication de la théorie des plaques, je le redis. Mais, je le redis aussi, l'esprit est paresseux quand il ne suit pas des chemins parcourus avant lui…

Lorsque j'étudiais à vingt ans l'histoire des Alpes franco-italiennes, mes professeurs m'enseignaient que les « zones paléogéographiques » anciennes (les régions d'égales profondeurs d'après la nature des sédiments qui s'y déposaient), établies au Mésozoïque avant la naissance de la chaîne (plateformes, pentes continentales et fonds océaniques, pour utiliser le vocabulaire d'aujourd'hui), coïncident avec les « zones structurales » (grandes nappes de charriage superposées), pourtant apparues quelque cent millions d'années plus tard ou davantage, lors du plissement des Alpes au Cénozoïque (entre -65 et -20 Ma, selon les endroits). Au point de garder le même nom tout au long de leur histoire. Par exemple, les termes « zone briançonnaise » désignent encore aujourd'hui à la fois un ancien espace marin, maintenant assimilé à la pente continentale bordant alors l'océan alpin (on dit : téthysien), et un ensemble de nappes de charriage mises en place au Cénozoïque sous l'effet de la convergence de l'Afrique et de l'Europe.

Quand j'interrogeais ces mêmes professeurs ou leurs ouvrages, ils étaient bien en peine de m'expliquer les raisons d'une telle permanence géologique à travers des dizaines de millions d'années et dans des champs de contraintes complètement différents. Le concept d'inversion tectonique répond enfin à ce questionnement, et de façon aussi claire que lumineuse : ce sont les structures héritées du rift continental qui imposent d'abord la paléogéographie (la morphologie sous-marine) pendant l'ouverture et l'élargissement du bassin, puis la structure de la chaîne plissée après sa fermeture : les failles normales de l'ancien rift sont alors remobilisées et « inversées » (tournées en failles inverses) lors de la collision des plaques. Les blocs continentaux deviennent alors les nappes ou les écailles qui s'empilent et construisent la chaîne. D'où la coïncidence observée entre zones paléogéographiques et structurales.

Avec R. Capdevila, nous avons proposé pour la première fois ce schéma d'évolution dans les Pyrénées émergées, sans en mesurer tout de suite l'importance, ni d'ailleurs convaincre les géologues régionaux. Marcel Lemoine l'a appliqué avec le succès que l'on sait aux Alpes occidentales. Quel géologue de ma génération n'a pas visité sous sa direction les blocs basculés plus ou moins déformés de Belledonne, des Grandes Rousses et du Pelvoux ? Quelle chaîne de montagne, récente ou actuelle, a échappé aujourd'hui à cette réinterprétation de sa structure et de son histoire ? Les marges continentales sont désormais analysée autant à terre, où elles sont directement accessibles au géologue-marcheur, qu'en mer où nous avons eu tant peiné à les étudier depuis les navires océanographiques. Il faut seulement savoir leur soustraire, lorsqu'elles sont plissées, tous les effets de leur tardive déformation entre deux plaques entrées en collision…

Dans les années soixante, Jean Aubouin avait entrepris de faire la synthèse de ce que l'on savait alors sur le berceau des chaînes de montagne, connu depuis toujours sous le nom de « géosynclinal ». Lisant beaucoup, parcourant les montagnes d'Europe et du proche Orient, Aubouin avait montré que la mer dont surgit une chaîne plissée offre une paléogéographie répétitive comportant trois unités : de la terre vers le large (de la zone externe vers la zone interne, dans le vocabulaire d'alors), un « miogéosynclinal », où la sédimentation, quoique épaisse, s'effectue toujours en eau peu profonde ; un « géanticlinal », lieu de sédimentation rare et pélagique ; enfin un « eugéosynclinal » empli de « flysch » (des marnes alternant avec des grès), apportés par les courants de turbidité s'écoulant sur le fond et déposant leur charge en eau profonde. À cette dernière partie de la trilogie sont souvent associées des « roches vertes » (notamment des basaltes et leurs équivalents cristallisé, des gabbros, parfois des péridotites plus ou moins serpentinisées ; *cf.* chapitre X) (Fig. 11, B).

Un immense et méritoire effort de synthèse donc, brisé net par l'énoncé de la théorie des plaques, celle-ci élaborée à partir des seules données fournies par les océans actuels. Les géophysiciens marins et les géologues de terrain n'avaient pas encore scellé leur union féconde. Les premiers travaillaient à partir d'une image réelle de l'océan, les seconds plutôt selon une vue d'artiste, dessinée d'après la seule mémoire des terrains sédimentaires.

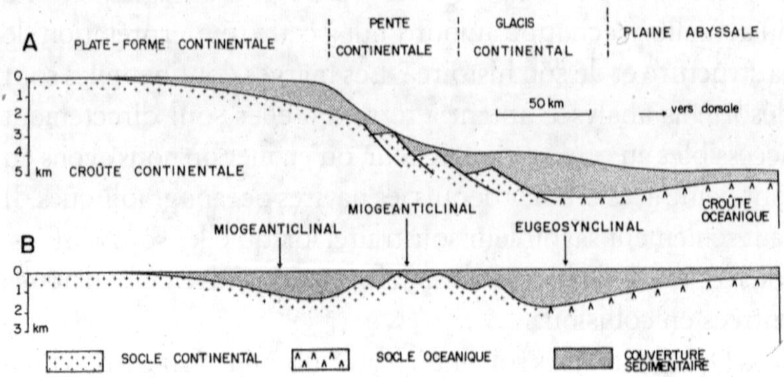

Fig. 11. Comparaison d'une marge passive actuelle (A)
avec un géosynclinal (B).
Les hauteurs sont exagérées par rapport aux distances.

Pourtant, Aubouin et ses devanciers avaient approché de très près la réalité. On a reconnu dans la trilogie du géosynclinal une marge continentale passive typique, héritée d'un ancien rift continental (fig. 11, A) : sa plateforme « subsidente », dont le lent affaissement est compensé par une sédimentation en eau peu profonde, puis sa pente, construites la première sur les anciennes « épaules » du rift et la seconde sur son versant faillé, tous deux faits de croûte continentale plus ou moins amincie ; la plaine abyssale enfin, comblée par des turbidites (les flysch) accumulées au contraire sur une coûte océanique (composée de basalte, de gabbro ou de péridotite serpentinisée). Les langages diffèrent, les objets sont les mêmes. Seule « erreur » : le « géanticlinal » n'est pas un haut fond comme on me l'enseignait sur les bancs de l'Université, mais une pente exposée à recevoir la « neige pélagique », et débarrassée de la « pollution » détritique grâce aux canyons sous marins (*cf.* chapitre VIII). Ceux-ci canalisent en effet de la côte jusqu'aux grands fonds, en épargnant la plateforme, les écoulements d'eau boueuse (les courants de turbidité, déjà cités) contenant les sables et les argiles, parfois les graviers, produits principalement par l'érosion continentale et finalement déposés en eau profonde au terme de leur parcours.

Faute de se fréquenter suffisamment, deux communautés, celle des géologues confinés sur le continent et celle des géologues et géophysiciens marins, ont ainsi engendré, presque en même temps, deux « modèles » différents, quoique cousins. La leçon est claire ; les sciences de la Terre ne peuvent être que globales, servies par une communauté scientifique décloisonnée.

VIII
Les canyons sous-marins

Dans les années cinquante, au temps où je suivais ses cours et participais parfois à ses campagnes en mer à bord de la « Calypso », J. Bourcart (toujours lui !) se passionnait pour les « canyons » sous-marins qui entament les marges méditerranéennes française. Ce sont de profondes incisions de la plateforme et de la pente continentales, par où, je viens de l'écrire, les sédiments « détritiques », apportés à la mer par les fleuves et repris dans les avalanches sous-marines, s'écoulent vers le glacis continental et les grands fonds. Mais l'origine du creusement des canyons restait mystérieuse. Anciennes vallées continentales submergées ? Ou produits d'une érosion sous-marine, facilitée par l'ameublissement des terrains là où ils sont fracturés ?

Bourcart avait reconnu dans les canyons qu'il cartographiait au large de la Corse ou de la Provence d'anciennes formes continentales ennoyées. Les terrains métamorphiques très résistants dans lesquels ces formes étaient creusées lui semblaient exclure une origine sous-marine. Il avait alors conçu, pour les expliquer, sa théorie de la « flexure continentale », selon laquelle, par un processus tectonique, la bordure du continent avait été récemment ployée, abaissée et submergée avec ses reliefs et ses vallées. La vidange de la Méditerranée au Messinien (-6 Ma) n'était pas encore connue, ni l'exondation des pentes du bassin alors exposées à l'érosion à l'air libre. Les géologues ont donc pu faire l'économie de la flexure continentale quand la prodigieuse régression marine fut mise en évidence dans les années soixante. Les « canyons » de la Méditerranée sont bien des formes subaériennes submergées comme l'avait pensé Bourcart, mais creusées sur les pentes du bassin quand celui-ci s'est trouvé quasiment asséché, et non pas antérieurement à une hypothétique déformation du continent.

Dans la prospection des plateformes continentales de l'Ibérie, je me suis trouvé à mon tour confronté à l'énigme des canyons sous marins. Les marges atlantiques de l'Espagne et du Portugal sont en effet incisées par des canyons encore plus spectaculaires qu'en Méditerranée (fig. 12). Ceux de Cap Breton au Pays basque, et de Nazaré au Portugal, sont célèbres pour prendre leur « source » pratiquement à la côte, et permettre ainsi tout près du littoral la remontée d'eaux profondes favorables à la vie marine. Les pêcheurs locaux savent en tirer profit. Mais il existe autour de l'Ibérie plusieurs autres canyons tout aussi creux (de Llanes, Lastres et Aviles au Nord ; de Lisbonne, Setubal et Saint-Vincent à l'Ouest). L'Atlantique ne s'étant évidemment jamais vidé comme a pu le faire l'étroit bassin méditerranéen, l'hypothèse d'un creusement à l'air libre de ses canyons devait être exclue. Seule restait donc l'interprétation tectonique.

Pour la démontrer, j'ai dû remonter jusqu'à 250 millions d'années en arrière, après avoir écouté R. Capdevila et mes collègues rennais me parler de l'histoire ancienne de l'Ibérie. Cette histoire s'achève, à la fin de l'ère primaire (le Paléozoïque), par une dislocation générale de la péninsule, ayant engendré de grandes fractures orthogonales aujourd'hui orientées approximativement NE-SW et NW-SE. Pendant toute l'évolution ultérieure, et jusqu'à l'époque actuelle, ces fractures sont restées des zones de faiblesse de la croûte, sinon de la lithosphère tout entière, remobilisées chaque fois que la région était soumise à des contraintes horizontales.

Notre contribution de géologues marins a d'abord consisté à mettre en relation ces grandes fractures avec les canyons sous-marins qui les prolongent très exactement en mer ; puis à observer et dater les déformations subies sur la plateforme continentale par les terrains sédimentaires mésozoïques et cénozoïques situés à proximité des canyons. Celui de Nazaré est même guidé par un véritable chevauchement vers le N-W. Nous avons ainsi pu montrer que les fractures anciennes qui imposent leurs cours à ces canyons ont rejoué au Mésozoïque d'abord, quand s'ouvrait l'Atlantique ; à l'Éocène ensuite, au moment où s'édifiaient les lointaines Pyrénées, et plus récemment encore à la fin du Cénozoïque. La répartition des séismes récents suggère d'ailleurs que les mouvements ne sont pas interrompus de nos jours.

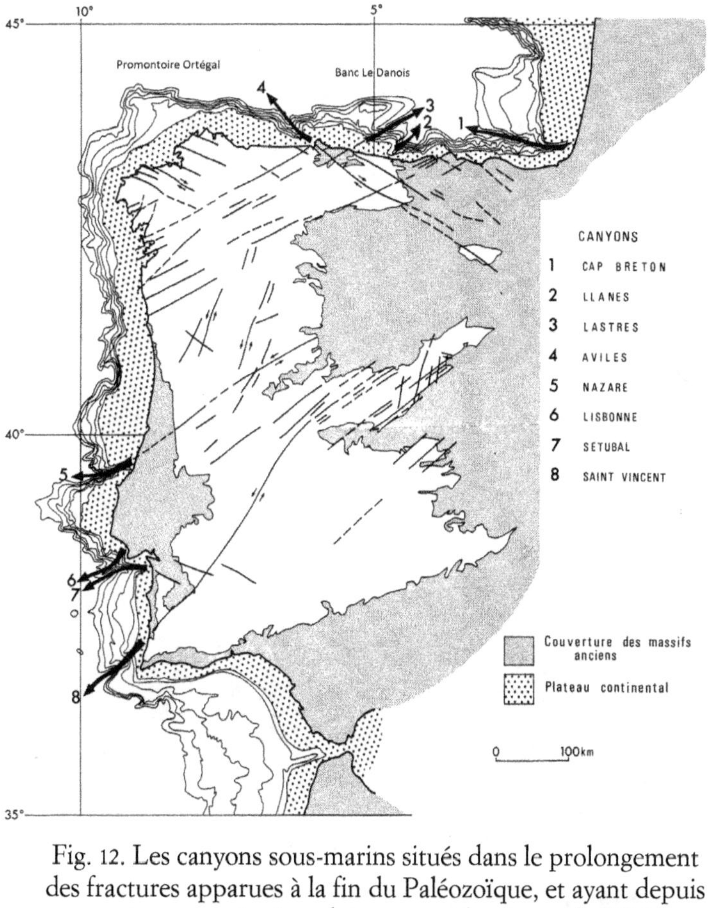

Fig. 12. Les canyons sous-marins situés dans le prolongement des fractures apparues à la fin du Paléozoïque, et ayant depuis constamment rejoué sur les marges atlantiques de l'Ibérie.

Ainsi l'emplacement et l'orientation des canyons sous-marins ibériques sont-ils sous un strict contrôle tectonique. À proximité des failles et décrochements qui affectent le socle de la péninsule, leurs mouvements provoquent sur la plateforme continentale la déformation et l'ameublissement des terrains, favorisant ainsi leur éboulement dans les canyons. De là, les déblais sédimentaires sont évacués vers les grands fonds par des glissements et des avalanches sous-marines (les « courants de turbidité »). La vacuité des canyons est ainsi entretenue, ce qui explique la fraicheur de leurs formes.

IX
La course au large

Vers les grands fonds. Ou du moins au-delà de la plate-forme continentale. C'est de ce côté-là que se portaient désormais mes regards, après le tournant de 1975. Je venais de quitter Rennes pour retourner à Paris. L'équipe qui m'entourait s'était enrichie de nouvelles compétences. Je veux citer à ce propos Alain Mauffret, qui m'a beaucoup apporté dans l'interprétation des profils de sismique réflexion, et qui m'a remplacé comme chef de mission pendant certaines campagnes sur le Banc de Galice ; je veux aussi mentionner Jean-Pierre Réhault, Jacques Malod et Denis Mougenot, qui m'ont efficacement épaulé dans l'exécution et l'exploitation des campagnes entreprises sur les marges espagnole et portugaise.

Fig. 13. Le « Suroit », navire de l'IFREMER, à sa sortie du port de Nice.

Ma position nouvelle me donnait aussi accès à des outils et à des moyens nautiques jusque-là interdits. Sans parler des submersibles de recherche, des navires comme le Jean Charcot, le Suroit (fig. 13), le Noroit ou le Nadir n'avaient rien de comparable par leurs dimensions et leurs moyens de levage avec le Pluteus de mes débuts ni avec le Job-Ha-Zélian de mes années rennaises. Après l'exploration de la plateforme continentale, pouvait commencer celle de la pente et de la marge profonde. Avec cependant plusieurs fidélités au passé récent : une constante régionale : les marges de l'Ibérie ; une méthode : le couplage de la sismique réflexion avec le prélèvement d'échantillons rocheux ; une continuité stratégique enfin : la prospection régionale systématique, dans l'espoir de « tomber » sur de l'inattendu, d'éprouver une nouvelle « divine surprise » comme celle des argiles rouges échantillonnées jadis en Manche et celle plus récente de 1969, quand nous avions découvert les premiers indices du prolongement sous-marin de la zone nord-pyrénéenne au Sud du Golfe de Gascogne.

Nous restions donc encore guidés à l'époque par un besoin d'inventaire. Les premiers forages scientifiques sur la marge aquitaine avaient commencé à reconstituer la chronologie de l'ouverture du Golfe de Gascogne et celle du proche Atlantique. Les informations stratigraphiques (la stratigraphie est l'histoire géologique enregistrée par les strates sédimentaires) étaient rares encore sur les marges espagnoles, en dépit de notre exploration de la plateforme. Nous avions une chance de combler au moins partiellement cette lacune, en allant plus profond et plus loin avec les moyens désormais mis à notre disposition.

Parmi ces outils, le petit submersible du CNEXO, la Cyana, nous a plusieurs fois servi. C'était une capsule sphérique de deux mètres de diamètre, où entraient trois passagers : le pilote, le navigateur et un scientifique. Un merveilleux outil, parfaitement adapté à nos recherches. Muni d'un bras mécanique et d'un panier extérieurs, il pouvait prélever des échantillons géologiques sur le fond marin et permettait ainsi d'explorer la marge jusqu'à 3000 m de profondeur.

Avec prudence cependant, et contraints par la profondeur limite où pouvait plonger Cyana, nous avons d'abord concentré nos efforts sur les bancs marginaux, à notre portée par leurs profondeurs intermédiaire entre celle de la plateforme continentale et celle de l'océan ouvert. Souvent hérités du rifting, ces bancs sont des reliefs sous-marins isolés à mi-hauteur de la marge, et par conséquent à l'abri des sédiments détritiques venus de terre ; ils sont souvent faillés, bordés par des falaises sous-marines offrant des affleurements rocheux, et permettant par conséquent de prélever plus facilement qu'ailleurs des échantillons du substratum des sédiments récents.

Deux campagnes, l'une sur le Banc Le Danois, l'autre un peu plus à l'Ouest sur le promontoire Ortégal (*cf.* fig. 12), ont ainsi permis en 1979 et 1982 de compléter les données apportées par les carottages et les dragages réalisés antérieurement sur la plateforme. Ainsi avons-nous pu esquisser un schéma d'évolution pré, syn- et post-rifting de la marge, que les campagnes ultérieure du programme ODP (Ocean Drilling Program) ont confirmé.

Notre action, se situait ainsi dans le courant des préoccupations de l'époque, sans autre originalité que l'apport de données stratigraphiques concrètes là où les géologues ne disposaient alors que de rares profils sismiques enregistrés par l'IFP et les Compagnies pétrolières françaises ou étrangères. (Par nos prélèvements, nous pouvions contribuer à l'identification des images sismiques). Pour cette raison, notre exploration nous valait une attention soutenue de leur part, et souvent un soutien financier.

Un autre objectif de ces campagnes de plongées, dont je parlerai plus loin, consistait à découvrir la source des « granulites » trouvées en cailloux émoussés ici ou là sur les marges armoricaine et ibérique. Âgées de plus de deux milliards d'années, nées dans la croûte continentale inférieure, ces roches intéressaient fort les spécialistes des terrains anciens. Elles nous concernaient aussi, n'étant récoltées que sur les marges que nous explorions, ce qui en faisait un « marqueur » et les insérait dans notre sujet de recherche. On lira dans le chapitre XVII les péripéties de notre enquête sur leur origine et celles de nos interprétations hésitantes.

À l'issue des campagnes de plongées en Cyana, notre équipe s'est longtemps partagée au sujet de la structuration de la marge nord-espagnole sous l'effet de la subduction cénozoïque. Des répétitions tectoniques (les mêmes terrains se retrouvant à diverses profondeurs des zones explorées) avaient été observées en submersible sur la pente du Banc le Danois ou celle du promontoire Ortégal. Sont-elles dues au mouvement de failles d'effondrement (failles « normales »), ou à un empilement d'écailles tectoniques contemporaines du raccourcissement de la marge il y a cinquante Ma (*cf.* fig. 7 et 10) ?

Le débat ne fut provisoirement tranché qu'après la campagne de 1982. Les indices de compression découverts dans plusieurs échantillons où les grains sédimentaires sont écrasés, la schistosité observée en submersible sur certains affleurements sous-marins (la schistosité implique une déformation des sédiments sous forte contrainte), enfin la cartographie détaillée de quelques sites de plongées, ont alors permis de privilégier l'hypothèse défendue par Georges Mascle et Jacques Malod d'un empilement tectonique. Très probablement, la structure actuelle de la pente continentale nord-espagnole résulte, comme celle de la zone nord-pyrénéenne émergée, de l'imbrication d'écailles tectoniques empilées, seules capables par leur poids et leur mouvement de laisser dans les sédiments pris dans les failles de chevauchements des empreintes aussi profondes.

Une confirmation sera apportée dans le chapitre XVII : certains galets de granulite prélevés sur le Banc Le Danois dans un conglomérat mésozoïque ont été échauffé jusqu'à 90°C il y a 50 Ma, ce qui n'aurait pu se produire si l'échantillon n'avait pas été alors enfoui en profondeur. Un tel enfouissement avant la mise à jour actuelle par l'érosion sous-marine peut difficilement s'expliquer autrement que par un empilement tectonique au moment de la subduction. Quant à la forme du Banc Le Danois en bloc basculé, elle résulte de l'effondrement de la marge plissée lorsque se sont relâchées les contraintes horizontales associées à la subduction (*cf.* note de bas de page 52). Un tel schéma d'évolution n'exclut évidemment pas que l'écaillage de la croûte pendant la subduction résulte d'une inversion tectonique, à l'image ce qui s'est produit au même moment dans la zone nord-pyrénéenne, c'est-à-dire dans le segment émergé de la chaîne.

Pendant la seconde partie des années 70, nous étions donc dans la continuité de nos études antérieures, hésitant encore à nous lancer dans la prospection de la partie la plus profonde de la marge. Il est vrai que les premières tentatives dans cette direction s'étaient révélées décevantes. Malgré plusieurs campagnes sur les navires de l'IFREMER (Institut Français pour l'exploitation de la Mer, le successeur du CNEXO), nous ne trouvions rien qui ne fût déjà connu ou attendu. Pourtant les moyens mis à notre disposition étaient autrement puissants, efficaces et coûteux que ceux en œuvre naguère sur la plateforme : des navires deux ou trois fois plus grands (*cf.* fig. 13) ; de puissants engins de levage ; le positionnement du navire par satellite ; enfin un confort à bord que je n'avais jamais connu auparavant. Mais nous souffrions encore d'un lourd handicap : la sismique réflexion, qui dépendait des seuls moyens de notre laboratoire, ne pouvait rivaliser avec celle dont disposaient nos collègues de l'Industrie.

C'est que les difficultés du travail avaient grandi en proportion de nos ambitions : pour recueillir des échantillons géologiques à grande profondeur (jusqu'à 5500 m), le carottier à roche était devenu inopérant en raison des grandes longueurs de câble nécessaires. Il fallait revenir à la drague, certes avec des engins plus lourds qu'autrefois, mais avec la grande imprécision d'un outil tracté sur le fond au bout d'un câble de plusieurs milliers de mètres de longueur. La pente continentale est le plus souvent recouverte d'un voile de sédiment meuble, et nous peinions à trouver les sites d'affleurements rocheux parmi les espaces envasés. Enfin, je l'ai dit, la qualité de la sismique souffrait des modestes moyens dont nous disposions encore.

Ne dévaluons pas toutefois les résultats de ces premières campagnes hauturières, qui nous ont apporté, outre une expérience du travail en eau profonde, d'utiles informations complémentaires sur l'histoire de la marge ibérique. Mais, c'est vrai aussi, ni notre façon de penser, ni le corpus de connaissance régionale ne s'en sont trouvés bouleversés. Je me souviens de m'être parfois senti découragé à bord devant tant d'efforts humains et financiers si peu récompensés. Nouvelle crise personnelle ? Éprouvé par le travail de remise en ordre de mon nouveau laboratoire parisien, déçu par les résultats de nos premières campagnes hauturières, je m'interrogeais. Devais-je remettre en question la stratégie ? Plutôt qu'une exploration systématique comme je l'avais préconisée et entreprise, fallait-il plutôt se concentrer sur un secteur réduit, jugé *à priori* prometteur, et en faire une étude détaillée ? J'avais certains jours le sentiment d'avoir confié notre avenir au hasard plutôt qu'à une perspicacité scientifique qui m'échappait.

Et puis un jour de 1978, par beau temps, le miracle s'est produit, qui allait ouvrir une nouvelle ère de prospérité à notre laboratoire. Pourtant, l'événement est d'abord passé tout à fait inaperçu. Je me souviens d'un déjeuner à bord, dans les conditions de confort auxquelles j'étais désormais habitué. Nous avions lancé la drague six heures plus tôt, au pied d'un relief sous-marin repéré d'après les relevés au sondeur multifaisceaux établis par J.-C. Sibuet et l'IFREMER, à environ 400 km à l'Ouest de la côte et un peu au Nord du parallèle de Porto. Ce petit haut-fond, haut de 300 mètres seulement au dessus de la « plaine abyssale » située à -5400 m, pouvait offrir à la drague un affleurement rocheux où prélever un échantillon du substrat des sédiments. Nous l'avions donc choisi pour cible. Il fallait aussi le nommer, ne serait-ce que pour « référencer » la tentative de prélèvement. C'est ainsi que, par manque d'imagination de notre part, notre relief sous-marin fut baptisée « la Colline 5100 », d'après la cote de son sommet. Le nom lui est resté.

Sa forme évoquait un peu un diapir de sel, du moins d'après le seul et imprécis profil sismique dont nous disposions à l'époque (un diapir est une structure en dôme résultant de la montée par gravité d'une roche moins dense que les terrains encaissants, un peu comme l'huile qui se détache du fond d'une poêle emplie d'eau). De telles structures (les diapirs de sel) sont fréquentes aux pieds des marges continentales, à l'endroit de l'ancien axe du rift continental, souvent occupé par une lagune où précipite le sel avant l'ouverture océanique proprement dite. Nous espérions donc récolter des témoins des terrains traversés par le sel et remontés en surface avec lui. Fort heureusement, ce n'est pas ce que nous cherchions qui fut recueilli à notre grande surprise, mais une roche autrement plus intéressante…

Ce jour-là, la drague avait longtemps travaillé sans que le tensiomètre du bord ait enregistré la moindre secousse signalant une « croche ». J'avais donc laissé à l'étudiant « de quart » le soin d'en surveiller la remontée. De cette tentative, je n'attendais plus rien. Un échec de plus, après tant d'autres… Et voilà l'étudiant qui vient me déranger à la fin de mon déjeuner en m'annonçant que la drague, contre toute attente, était pleine. Non pas de roche dure et cassante, mais d'une sorte d'argile malléable et compacte, de couleur rouille…

Je n'avais jamais vu pareille chose auparavant, et j'étais bien incapable de l'identifier. Vieux sédiment compacté ? Produit d'altération d'un terrain volcanique ou cristallin sous-jacent, comme l'argile rouge trouvée naguère au large de Roscoff ? L'échantillon fut mis en sac jusqu'à son analyse en laboratoire, et je pus aller boire mon café tranquillement. Ce n'est que quelques mois plus tard que je pris conscience qu'un nouvelle « divine surprise », la troisième de ma carrière, venait de nous être offerte par la chance.

J'avais alors 44 ans, et j'étais parvenu à peu près à la moitié de mon parcours scientifique. Après quatre ans de séjour parisien, je venais de quitter le campus de Jussieu pour l'Observatoire Océanologique de Villefranche-sur-Mer, une dépendance de mon Université de rattachement, où j'avais désormais mission d'animer le « département » de géologie marine. Et voilà que ce nouveau tournant dans mon parcours coïncidait avec l'ouverture d'une piste scientifique imprévue que j'allais explorer pendant vingt ans[5].

5. J'ai raconté une première fois, à l'intention fictive de lycéens en classe terminale, « l'aventure » intellectuelle et opérationnelle qui s'ouvrait ainsi. Le récit se présente sous une autre forme et s'adresse à un autre public que celui consigné dans le présent ouvrage, qui reproduit cependant une part de son illustration : G. Boillot, 2014. Pêcheurs de pierres. Enquête géologique sur la naissance d'un océan. Paris, L'Harmattan, 146 p.

X
La « divine surprise »

Après être passé entre les mains de plusieurs spécialistes qui ne surent pas mieux que moi l'identifier, l'échantillon argileux fut en effet reconnu par Raymond Capdevila comme le produit de l'altération sous-marine d'une « serpentinite » (en marbrerie, une serpentine ; en géologie une serpentine est l'un des minéraux constituant la serpentinite).

La serpentinite est cette roche de couleur verte, veinée de blanc, très appréciées au temps du Premier Empire par les décorateurs et les sculpteurs, qui sert souvent aujourd'hui à orner les façades des magasins. Sa structure veinée est l'effet d'une extension (d'un gonflement) subie lors du dernier épisode de son histoire ; des fractures sont alors apparues, qui se sont emplies de serpentinite de seconde génération, de couleur vert clair, et de calcite blanche, donnant à la roche son aspect décoratif.

La serpentinite résulte de l'altération hydrothermale (le plus souvent par de l'eau de mer échauffée circulant dans les terrains du plancher océanique) d'une roche plus dense et plus dure qu'elle : la péridotite (ainsi nommée parce qu'elle contient en abondance un minéral nommé « péridot »). Dans son gisement d'origine, la péridotite est la roche qui constitue normalement le manteau de la Terre, situé sous la « croûte » (ou « écorce »), à plusieurs kilomètres sous le plancher océanique, et même à plusieurs dizaines de km sous un continent (*cf.* fig.

6). Ainsi, ce que nous avions récolté par dragage sur l'un des versants de la « Colline 5100 » provenait non pas de l'écorce terrestre, mais de terrains normalement située en dessous, et pour cette raison presque partout inaccessibles aux géologues.

La surprise était énorme, alors que nous avions à peine été étonnés par l'aspect bizarre de notre échantillon au moment de son arrivée sur le pont du navire, quelques mois plus tôt. Surprise, certes, mais incompréhension aussi : la croûte continentale serait-elle complètement rompue sous l'effet de son étirement horizontal pendant le rifting, laissant ainsi paraître les terrains qu'elle recouvre partout ailleurs ?

De telles roches (les péridotites et leur dérivé, la serpentinite) n'étaient connues jusque-là qu'en fragments rejetés par les volcans, en massifs dans les chaînes plissées résultant d'une collision lithosphérique (par exemple les lherzolites pyrénéennes, qui sont une catégorie de péridotite), ou encore en « navettes » dans les zones de décrochement entre plaques (les « failles transformantes »), où le frottement des terrains lithosphériques ramène en surface des lambeaux de terrains arrachés en profondeur. Or, au pied de la marge galicienne, née de la fragmentation d'un continent et de la divergence de deux plaques, nous n'étions dans aucun de ces contextes.

Dans les mois qui suivirent, deux chemins s'ouvrirent à la recherche. Le premier fut celui de la pétrologie et de la géochimie. Jacques Kornprobst et son équipe s'attachèrent à Clermont-Ferrand à reconstituer, au travers de ses produits d'altération, les conditions de la cristallisation initiale de la péridotite, de sa migration verticale jusqu'au toit de la lithosphère, enfin de sa transformation au contact avec l'eau de mer en serpentinite, puis en argile. Les spécialistes savent en effet reconstituer le « chemin pression-température-temps » suivi par une roche dans les profondeurs de la Terre d'après les modifications de ses minéraux constitutifs sensibles aux variations de température et de pression dans le milieu où ils évoluent.

Second chemin : aux géologues marins d'imaginer un scénario de remontée en accord avec les données locales et les « modèles explicatifs » disponibles à la fin des années 70. La colline 5100 est située juste à la limite entre la marge continentale ibérique, constituée en surface de croûte continentale étirée, et les fonds océaniques du proche Atlantique, appartenant une croûte formée en principe de terrains d'origine volcaniques (basalte et gabbros). Les « roche-mère » de ces basaltes et de ces gabbros sont les péridotites du « manteau » asthénosphérique, qui leur ont donné naissance par fusion partielle et fractionnée. Normalement, les magmas ainsi produits se refroidissent et cristallisent en arrivant sur le plancher marin, où ils recouvrent les péridotites mantelliques. Tel était le schéma de l'accrétion océanique accepté en 1978.

Dès lors, comment expliquer que les péridotites serpentinisées affleurant sur la montagne 5100 soient accessibles au dragage sans recouvrement volcanique ? Il faudra près de dix ans, une campagne de forage et deux campagnes de plongées en submersible pour apporter à la question une réponse satisfaisante.

En attendant cette lointaine échéance et faute de mieux, la première explication qui nous vint à l'esprit fit appel à la différence de densité supposée entre une péridotite complètement serpentinisée (et donc très allégée) et la croûte océanique sus-jacente. Si une couche de faible densité se trouve placée dans ou sous une autre couche plus dense qu'elle, la première tend à monter sous l'effet de la gravité. Si elle rencontre une fissure où se glisser, elle peut même parvenir en surface. C'est le phénomène du « diapirisme », déjà évoqué à propos du sel. Nous avons donc pensé que le même mécanisme pouvait avoir porté à l'affleurement superficiel notre serpentinite.

La colline 5100 fut ainsi assimilée à un vaste diapir de serpentinite ayant migré au travers des terrains de la croûte jusqu'au plancher sous-marin, en profitant de la cicatrice entre la marge continentale (la moitié de l'ancien rift originel) et la toute nouvelle lithosphère océanique adjacente (fig. 14, A). Les résultats des études pétrologiques et géochimiques, confrontées à ce premier modèle géologique, furent publiés en 1980.

Notre communauté scientifique fut ainsi alertée, mais non convaincue. Le socle continental de la marge ibérique est en effet constitué de l'ancienne chaîne hercynienne, née et effondrée au Paléozoïque, et arasée depuis par l'érosion superficielle. Ce socle contient des lambeaux de péridotites anciennes pouvant expliquer notre découverte sans qu'il soit besoin de la rattacher à l'histoire de la marge et de l'océan atlantique. Quelques années auparavant, une équipe de l'IFREMER avait d'ailleurs recueilli à une centaine de km au Nord de la colline 5100, au bord occidental du Banc de Galice, un échantillon de serpentinite qu'elle avait attribuée aux terrains ancien de l'Ibérie, sans que nous y prêtions attention, et à plus forte raison sans que nous fassions plus tard le rapprochement avec notre propre prélèvement.

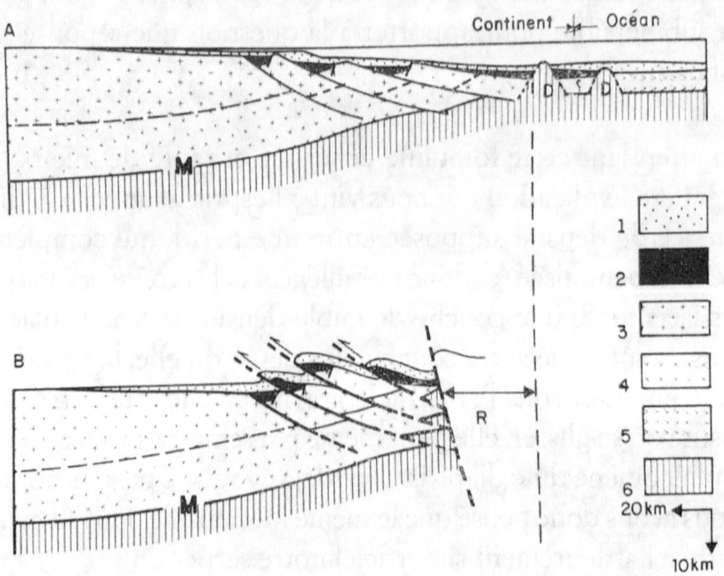

Fig. 14. Le modèle (1980) de l'origine diapirique de la colline 5100 (A), et son application dans le cas d'un raccourcissement R de la marge dans les Pyrénées (B). 1 : sédiments post-rifting ; 2 : sédiments syn-rifting ; 3 et 4 : croûte continentale supérieure et inférieure ; 5 : croûte océanique ; 6 : péridotites du manteau supérieur (lherzolites dans les Pyrénées), mises à l'affleurement à la suture entre les deux plaques (tirets).
Dans le cas des Pyrénées, le Nord à gauche.

Dès la publication de notre hypothèse d'une mise en place de nos péridotites en relation avec l'ouverture mésozoïque de l'Atlantique (vers 115-120 Ma), une autre lui fut donc opposée, qui faisait de notre colline une simple dépendance du socle ibérique vieux de 300 Ma et davantage. Quand, un peu plus tard, il fut question de prélever par forage de nouveaux échantillons à l'endroit de notre dragage de 1978, nombre de collègues français ou étrangers nous objectèrent l'interprétation qui contrariait la nôtre, ce qui menaçait notre projet de revenir un jour avec un bateau foreur sur la colline 5100.

En réalité, nous avions commis des erreurs d'interprétation qui fragilisaient notre argumentation. Certes, on connaît des diapirs de serpentinite dans la nature ; mais jamais de la taille et de la forme de la colline 5100. Celle-ci n'est pas un relief plus ou moins circulaire ou elliptique comme la plupart des diapirs, mais s'allonge sur 25 km en gardant tout du long une largeur inférieure à 5 km. De plus, nous ne le savions pas encore, elle n'est pas une structure isolée, mais appartient à une ride N-S du substratum des sédiments dont elle n'est qu'un court segment émergeant localement de la couverture meuble. Une telle forme n'est guère compatible avec une origine diapirique, mais l'apparente plutôt aux blocs basculés les plus profonds de la marge. Il n'était donc pas déraisonnable de penser, comme le faisaient nos contradicteurs, que la ride est une structure d'extension appartenant à l'ancien rift, c'est-à-dire à la croûte continentale ibérique pouvant recéler des péridotites mise en place au Paléozoïque.

Le débat restait donc ouvert, malgré les conclusions des pétrologues qui écartaient, déjà à cette époque, l'hypothèse d'une origine de notre serpentinite dans l'ancienne chaîne hercynienne. Il devenait nécessaire en tout cas de prélever de nouveaux échantillons plus riches en information qu'un simple produit d'altération d'une roche enfouie. Le forage était le seul outil capable d'atteindre le substrat rocheux de l'argile que nous avions récoltée et de trancher entre les hypothèses en présence.

Avec six ans de retard (toujours la même lenteur d'esprit), j'ai tenté, juste avant la campagne de forages de 1985, d'appliquer à la chaîne pyrénéenne notre modèle de mise en place des serpentinites au pied de la marge galicienne. Des péridotites serpentinisées (les « lherzolites », déjà citées) affleurent en effet ça et là au cœur de la zone nord-pyrénéenne. On se souvient qu'un prolongement du Golfe de Gascogne séparait au Mésozoïque l'Ibérie de l'Aquitaine, et que cet espace océanique a disparu en grande partie au début du Cénozoïque par subduction sous l'Ibérie, du moins selon notre interprétation. À mesure que progressaient nos études sur la marge galicienne, je découvrais sa frappante ressemblance avec la marge aquitaine, du moins si l'on inclut dans cette marge sa partie profonde ultérieurement raccourcie et occupant aujourd'hui le versant Nord des Pyrénées (fig. 14, B). Par analogie, j'ai donc proposé de voir dans les lherzolites des témoins préservés du fond de ce bras océanique englouti il y a 45 ou 50 Ma ; ou du moins, toujours à l'image de la marge galicienne, des reliques de la transition entre l'espace océanique disparu et sa marge septentrionale (le bassin d'Aquitaine).

Depuis, les connaissances sur les mécanismes du rifting ont beaucoup progressé. Mais les géologues s'accordent aujourd'hui pour voir effectivement dans les lherzolites des témoins du bras de mer à substratum de serpentinite qui a séparé au Mésozoïque les marges aquitaine et ibérique. Leur alignement actuel sur le terrain constitue donc la trace de l'espace océanique disparu par subduction au Cénozoïque, et par conséquent la zone de suture entre les marges Nord (passive) et Sud (active) après la collision. Là est donc le véritable axe structural de la chaîne.

XI
En attendant la campagne de forages

Sept années. Pas moins de sept années se sont écoulées entre le dragage de 1978 et la campagne de forages de 1985. Pourquoi une si longue attente ?

La France a adhéré en 1975 au programme international de forages Océanique IPOD (International Phase of Ocean Drilling), renouvelé en 1984 sous le nom de ODP (Ocean Drilling Program). Des programmes très couteux, dont la charge financière était partagée entre les USA (50%) et quelques rares partenaires minoritaires, dont la France, assez riches et scientifiquement armés pour affronter la dure compétition qu'une telle entreprise internationale implique.

Ma situation universitaire et mon expérience de géologue marin me désignaient pour jouer un rôle dans la mobilisation de notre communauté, à l'heure où s'offrait à elle une occasion exceptionnelle d'entreprendre ce que mon collègue Jean Aubouin appelait la « marche à la mer ». Depuis toujours en effet les géologues cherchent dans la nature actuelle les modèles des environnements anciens qu'ils ont mission de reconstituer. C'est le « principe de l'actualisme ». On a vu combien le concept de géosynclinal avait souffert de n'avoir pas été assez tôt confronté à la réalité des océans d'aujourd'hui. Il était urgent en 1975 de combler ce retard en tournant vers l'océan le regard des géologues français jusque là confinés sur le continent faute d'une politique incitative et de moyens suffisants. À cette nécessité scientifique s'ajoutait une volonté politique : la France, nation à vocation maritime, se devait de participer à l'aventure océanique qui s'ouvrait aux nations développées, comme elle le faisait déjà pour l'aventure spatiale. Les astres étaient par conéquent en conjonction favorable pour la discipline que je représentais.

J'eus donc la mission de 1975 à 1977 d'animer le groupe de réflexion et d'information sur la participation française au programme IPOD. Mais cette responsabilité collective me faisait un peu juge et partie : le laboratoire que je dirigeais par ailleurs pouvait avoir des projets entrant en concurrence avec ceux d'autres équipes. Après l'avoir assumée pendant deux ans, j'ai donc laissé cette charge pour m'investir en priorité dans l'animation du groupe scientifique qui m'était confié. Je ne suis revenu à une responsabilité nationale dans le cadre de l'ODP (comme représentant français à l'« Executive Committee » du programme) qu'au début des années 90, dans l'intervalle de temps où les règlements administratifs m'ont imposé d'abandonner provisoirement mon rôle de directeur de laboratoire.

Dès 1978, je pouvais donc engager librement le combat pour entrer avec ceux qui m'entouraient dans le club très fermé des promoteurs de campagnes de forages océaniques. Là encore, je devais tenir juste balance entre mes projets personnels et ceux des autres membres du laboratoire. Mais la complexité de la programmation du navire foreur, le « JOIDES Résolution », qui devait tenir compte non seulement de la qualité scientifique des projets soumis, mais aussi de l'équilibre à respecter entre les sous-disciplines géologiques et les pays contributeurs, enfin de la logistique d'un navire appelé dans tous les océans du monde, m'a toujours épargné les conflits d'intérêt. C'est ainsi que, entre 1985 et 1995, le « Groupe d'études de la Marge Continentale », placé sous ma responsabilité à Villefranche-sur-Mer, a proposé et conduit quatre campagnes de forage en mer, de deux mois chacune. Je ne pense pas qu'aucun autre laboratoire au monde puisse se prévaloir d'un tel bilan.

Au passage, une clarification. Je parle souvent d'équipe à propos des scientifiques qui m'entouraient avant et après une campagne en mer. Cette équipe-là était de géométrie variable, selon les objectifs et les besoins des missions. Experts extérieurs au laboratoire étaient invités à nous rejoindre à bord, ou se voyaient confier à terre l'exploitation de données recueillies en mer. Le Laboratoire que je dirigeais dans le même temps, partagé entre le campus parisien de Jussieu et celui de Villefranche, formait au contraire une communauté stable, n'évoluant qu'au gré des recrutements ou des départs naturels de ses membres. En quelque sorte, équipe de campagne et laboratoire étaient deux ensembles séparés mais séquents. Certains membres du laboratoire, personnellement intéressés par une campagne dont j'avais la charge embarquaient avec moi ; d'autres exécutaient leurs projets hors de ma tutelle en formant leur propre équipe opérationnelle. Mon rôle, on le comprend, était très différent à la tête de ces deux entités : le responsable de laboratoire gérait et encourageait la diversité et les initiatives personnelles sans perdre de vue le thème scientifique qui faisait notre marque (les marges continentales) ; tandis que le chef de mission était forcément plus dirigiste, soucieux de cohérence et d'efficacité dans la constitution d'une équipe engagée dans l'action et promise à se dissoudre une fois la campagne exploitée.

Enfin, les missions en mer que j'énumère dans ce récit peuvent laisser croire que l'accès aux navires océanographiques français ne rencontrait pas d'obstacles. Bien au contraire, il nous fallait tous les ans préparer d'épais dossiers de demande à L'IFREMER, le responsable des moyens nautiques nationaux, et affronter une sévère compétition avec nos collègues d'autres centres de recherche et d'autres disciplines. Car le temps était passé où nous étions presque les seuls géologues à naviguer. Fort heureusement pour notre science, d'autres laboratoires universitaires s'étaient à leur tour engagés dans l'exploration de l'océan et de ses marges. Une « Commission » indépendante d'experts français et étrangers était chargée d'évaluer les projets de campagnes. Leur classement, et par conséquent leur éventuelle programmation un an à l'avance, devaient tenir compte à la fois de leur intérêt scientifique, de leur insertion dans la recherche internationale et de leur faisabilité avec les moyens humains et techniques dont disposaient les laboratoires demandeurs. Sans parler des contraintes logistiques des navires, dont il fallait économiser les longs transits, alors qu'ils étaient appelés dans touts les océans du globe. Chaque année, un laboratoire comme le nôtre présentait deux ou trois projets, formés par des équipes différentes, mettant ainsi plusieurs fers au feu, mais n'obtenait que rarement plus d'une campagne par an ou tous les deux ans. Cependant, l'exploitation complète d'un mois de travail en mer (durée moyenne d'une campagne) demandait parfois plusieurs années, de sorte que les moyens nautiques nationaux mis à la disposition de notre groupe suffisaient en général à assurer la continuité de son activité.

Après ces rappels de notre façon de fonctionner et de la situation « géopolitique » de la géologie marine française dans le dernier quart du 20e siècle, je reviens aux marges continentales de la péninsule ibérique et à mon rôle de promoteur et de chef de mission en mer. Malgré plusieurs participations aux instances nationales du CNRS, de l'Université ou de la Société géologique de France, et malgré le temps passé à l'administration d'un laboratoire, je pouvais encore mettre une part de mon énergie au service d'une recherche personnelle, aidé en cela par les « doctorants » placés sous ma direction et les collègues qui travaillaient à mes côtés pendant l'acquisition des données en mer ou à l'heure de leur exploitation à terre.

Depuis notre découverte de la nature géologique de la Colline 5100, le temps de la recherche exploratoire extensive était passé. Était venu au contraire celui d'une recherche intensive dans une zone jugée favorable à la solution des problèmes posés par les campagnes précédentes. Assez naturellement nous avons circonscrit cette zone dans la plaine abyssale entourant la colline 5100, en la prolongeant vers le Nord sur le versant occidental du « Banc de Galice », un vaste haut fond de 800 mètres de profondeur situé à plus de 400 km à l'Ouest des côtes de la province espagnole éponyme (*cf.* fig. 26 et couverture de ce livre). Le banc est un bloc continental hérité du rifting qui a précédé l'ouverture de l'Atlantique ; mais, proche de la zone de subduction nord-espagnole, il a aussi été soulevé et plus ou moins déformé au début du Cénozoïque lors des événements « pyrénéens ». Son étude se situait donc cette fois encore dans la continuité de nos travaux antérieurs. En outre, du fait de sa situation isolée, son versant océanique s'est toujours trouvé protégé des apports sédimentaires venus du continent. Nous pouvions donc espérer trouver là plus facilement qu'ailleurs des affleurements rocheux favorables au prélèvement d'échantillons géologiques, comme nous l'avions fait naguère sur le Banc Le Danois ou sur le promontoire Ortégal.

Cependant, nous ne perdions pas de vue la perspective lointaine d'une campagne de forage. Les trois premiers « Legs » effectués dans la région avaient eu pour objectif de restituer une partie de l'histoire des ouvertures de l'Atlantique et du Golfe de Gascogne : deux sur la marge armoricaine, et un autre dans le bassin sédimentaire situé entre le Banc de Galice et la côte espagnole. La cible de ces forages restait encore la couverture sédimentaire et sa mémoire géologique (sa « stratigraphie »), et ils étaient donc implantés là où cette couverture est la plus complète possible. Malgré tout l'intérêt que nous portions à leurs résultats, depuis notre découverte des serpentinites au large de la Galice, notre attention était au contraire tournée vers le substratum des sédiments. La stratégie mise en œuvre par le Comité de pilotage des forages océaniques ne répondait donc plus à nos préoccupations principales. En attendant notre heure, il nous fallait travailler pour tenter de convaincre les décideurs par des données régionales de qualité et une réflexion novatrice.

Plusieurs retours en mer étaient donc nécessaires. Les uns pour multiplier les prélèvements sur les affleurements rocheux ; les autres pour enregistrer des images sismiques convaincantes.

Il n'est pas utile sans doute de détailler ici les résultats des prélèvements. Nombreux, cohérents entre eux, systématiquement effectués depuis l'entrée du Golfe de Gascogne jusqu'au Sud du Banc de Galice partout où s'offrait une chance de succès, les dragages ont recueilli deux sortes de roches : celles provenant du « socle » continental ibérique (> 300 Ma), et les calcaires mésozoïques déposés en eau peu profonde directement sur ce socle, il y a 140 Ma (juste avant ou au tout début du rifting). Le reste de la colonne sédimentaire était apparemment trop rare ou trop meuble pour être échantillonnée de cette façon. Il fallait attendre les éventuels forages ou plongées en submersible pour la connaître.

Écrit ainsi en quelques lignes, ce compte rendu donne une image minimaliste des jours et des semaines passées dans les houles atlantiques à jeter la drague à l'eau, la laisser traîner sur le fond une bonne heure en l'« écoutant » travailler à 5 ou 6 km en arrière du bateau et à parfois plusieurs milliers de mètres de profondeur, à la remonter, vide ou pleine, enfin à la voir relâcher en vrac sur le pont son contenu quand il existait. Chaque opération demandait de 6 à 8 heures de temps. Pour commencer à bord le travail d'exploitation, nous avions soin d'embarquer les appareils qui permettent de tailler des lames minces dans les échantillons rocheux, ainsi que les microscopes et les loupes servant à les observer. Nous pouvions ainsi disposer de déterminations préliminaires, et éventuellement réorienter la campagne d'après ses premiers résultats.

L'enregistrement de profils sismiques était d'abord l'affaire des électroniciens embarqués. Les années ayant passé, nous disposions maintenant d'un équipement efficace, mis à disposition par l'IFREMER qui l'avait lui-même acquis auprès de l'Institut Français du Pétrole (IFP). Cet Organisme en effet, jusque-là pionnier des recherches sur les marges continentales européennes, n'en avait plus l'usage depuis que les Compagnies pétrolières françaises avaient momentanément renoncé à la prospection « offshore ».

C'était au chef de mission et aux géologues embarqués qu'il revenait évidemment d'établir le plan de navigation pendant l'enregistrement des « profils » sismique : quadrillage systématique d'une zone, ou passage obligé par des points de prélèvement permettant d'identifier les images, selon les exigences de la prospection. De nouveau, ce que j'en écris rend mal compte des nuits et des jours passés devant l'enregistreur à voir surgir la coupe encore très floue que l'on attend ou que l'on n'attend pas, à en donner une interprétation provisoire, après discussion avec l'équipe scientifique. Sans compter les jours de mauvais temps interrompant tout travail, et jetant sur leurs couchettes les scientifiques, les ingénieurs, les techniciens, et parfois les marins…

Les géologues de terrain mesurent leurs efforts à l'usure de leurs souliers. Nous ne disposons pas de ce critère sur un navire, toujours roulant ou tanguant. Plutôt faut-il se peser avant et après une campagne pour évaluer l'énergie physique dépensée à simplement se tenir debout…

J'ai fait état aussi d'un besoin de réflexion. Il était très partiellement satisfait par de quotidiennes réunions de l'équipe scientifique. C'était, il est vrai, l'occasion de faire le point sur l'avancement du programme de la campagne, sur les difficultés techniques ou théoriques rencontrées en chemin, sur les priorités de l'action à venir selon les échecs ou les succès des jours précédents. Mais l'exploitation des données recueillies était encore trop sommaire pour parvenir à des conclusions définitives. Du rêve et de l'imaginaire encombraient encore la réflexion scientifique…

Cette réflexion collective devait aussi prendre en compte le questionnement sur une énigmatique image sismique que je n'ai pas décrite encore, et cependant connue depuis le milieu des années 70 : je veux parler de l'« horizon S », dit aussi « réflecteur S », dont la signification était toujours débattue quinze ans après sa découverte.

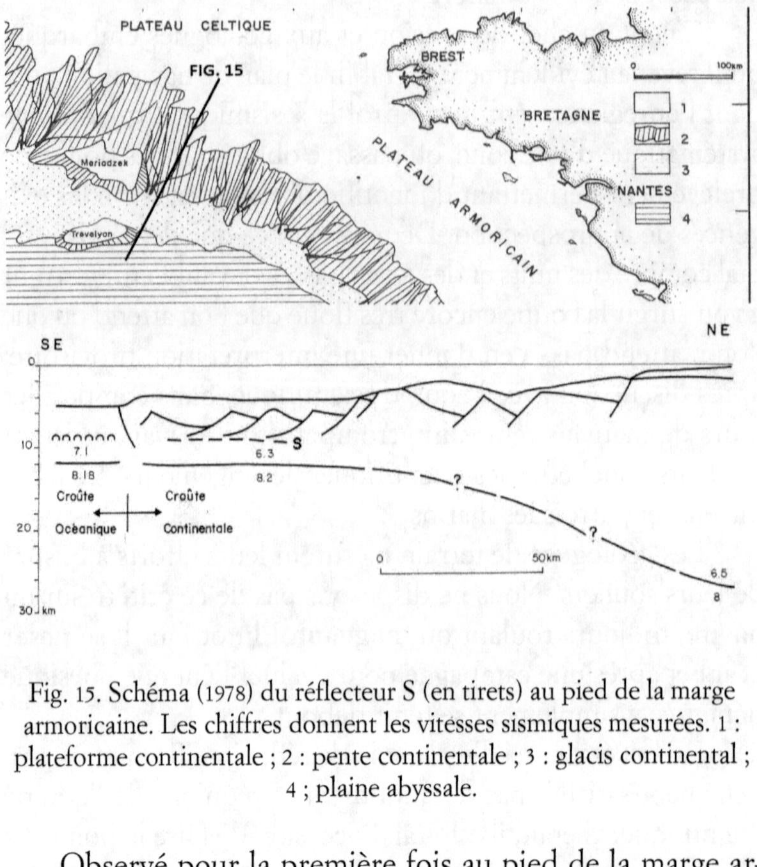

Fig. 15. Schéma (1978) du réflecteur S (en tirets) au pied de la marge armoricaine. Les chiffres donnent les vitesses sismiques mesurées. 1 : plateforme continentale ; 2 : pente continentale ; 3 : glacis continental ; 4 ; plaine abyssale.

Observé pour la première fois au pied de la marge armoricaine par Olivier de Charpal, Lucien Montadert et leurs collègues de l'industrie pétrolière, ce puissant réflecteur sismique sépare en deux couches horizontales la croûte continentale amincie située dans la partie la plus profonde de la marge (fig. 15). Dans ces deux couches, les ondes acoustiques se propagent à des vitesses inférieures à 8,1 km/s (5 km/s et moins dans la couche supérieure ; 6,3 à 6,5 km/s dans la couche inférieure), ce qui en fait bien de la croûte, selon la définition des géophysiciens. La position intra-croûte du réflecteur écarte donc son assimilation au Moho (la base de la croûte). Dès lors, on devait s'interroger : quelles sortes de terrains, au sein de cette partie sous-marine de l'écorce terrestre, peuvent offrir un contraste de densité assez fort pour provoquer pareille réflexion ? Depuis dix ans florissaient les interprétations sans qu'émerge un consensus entre nous...

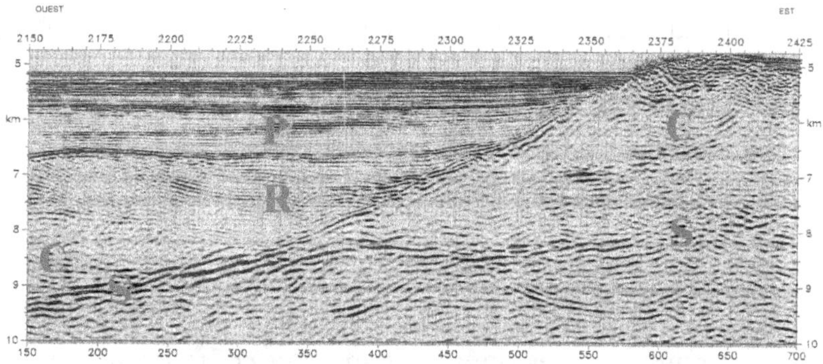

Fig. 16. Image sismique du réflecteur S sous un bloc basculé de la marge de Galice. Le socle C a été prélevé en plongées du Nautile (*cf.* chapitre XIV ; site N° 11, au point de tir 2375).
P : sédiments post-rifting ; R : sédiments syn-rifting.
(Emplacement sur la coupe synthétique de la marge : *cf.* fig. 25).

L'horizon S avait aussi été mis en évidence par les mêmes chercheurs dans la partie la plus profonde de la marge galicienne (fig. 16), celle que nous explorions, et d'où surgit la colline 5100. Il n'est donc pas une singularité de la marge aquitaine, mais un trait caractéristique des marges continentales issues d'un rifting (les marges passives, dites aussi stables). Avec nos premiers appareils sismiques, nous n'étions pas parvenus à le distinguer sur nos enregistrements, faute de disposer d'une source acoustique assez puissante. Mais avec le nouvel équipement en service depuis peu, nous en avions enregistré de nouvelles images, ce qui le plaçait sur la liste des problèmes que nous avions à résoudre. En multipliant les enregistrements sismiques où il pouvait apparaître, en les croisant avec ceux que l'IFP avait enregistrés précédemment, nous en avons donc entrepris la chasse. Grosse surprise : *le réflecteur se raccorde au flanc Est de la colline 5100…*

Cette observation, pièce essentielle à la solution de l'énigme du mystérieux réflecteur, comme toutes nos découvertes ne sera pas immédiatement valorisée. Il faudra du temps pour qu'elle trouve sa place dans le « puzzle ». Pour l'heure, elle est seulement le fruit de la compétence et du travail des géophysiciens et des informaticiens, capables de produire de l'imagerie claire du tréfonds marin.

Je rappelle en effet qu'un enregistrement sismique « multitraces » nécessite un « traitement » informatique sophistiqué pour démêler tous les signaux reçus par les nombreux capteurs de la très longue « flûte » traînée par le bateau. Pour se rendre compte de la lourdeur du travail, il suffit de savoir que le traitement des données sismiques coûte presqu'aussi cher que leur acquisition en mer. Sans l'accès à la méthode et à ses servants, sans les financements directs ou indirects des Compagnies pétrolières et naturellement des Organismes publics ; enfin sans la collaboration d'ingénieurs et de techniciens expérimentés, nous n'aurions rien vu, ni rien résolu. Voilà qui minorise quelque peu nos mérites, en nous situant au bout de la chaîne de compétence qui va de l'élaboration de l'outil au résultat de sa mise en œuvre. Voilà aussi qui montre une nouvelle fois combien la recherche peut être dépendante de la technologie disponible.

XII
La campagne de forages, enfin

J'ai évoqué les campagnes en mer pour le préparer, ce désiré forage, pour donner au dossier de demande toute ses chances de succès. Un puissant Comité, quelque part aux États-Unis, avait droit de vie et de mort sur mon projet. Il fallait donner au représentant français qui avait la lourde charge de le défendre tous les arguments pour sa plaidoirie… On imagine le nombre et l'épaisseur des dossiers que j'ai dû remplir en 7 ans. Deux fois la candidature de mon « proposal » a été repoussée au profit d'une autre, mieux en accord avec les objectifs scientifiques du Comité de l'époque. En arrière-plan des questionnements géologiques du moment, apparaissaient en effet des préoccupations économiques (les intérêts pétroliers), ne serait-ce que pour justifier l'engagement financier des États contributeurs. Dès lors, pourquoi dépenser tant d'argent sur une cible aussi étrange que la serpentinite ? Quel intérêt pour la science cette roche pouvait-elle offrir, alors qu'elle n'est peut-être qu'un fragment incorporé il y a plus de 300 millions d'années à la croûte continentale de l'Ibérie ? Car notre interprétation continuait à susciter des réserves, quand ce n'était pas des objections…

Il fallait ouvrir une brèche dans ce mur. Donner à la campagne un objectif plus attractif, en ne laissant au forage sur la colline 5100 qu'une part modeste dans le projet. Une concession aux marottes de l'auteur de la proposition, en quelque sorte. La curiosité collective à cette époque portait toujours sur l'histoire de l'Atlantique, enregistrée dans la couverture sédimentaire de la marge, et encore mal connue malgré les précédentes campagnes de forages dans la région. Quand a débuté le rifting à l'Ouest de l'Ibérie ? Quelle a été sa durée ? À quelle date s'est produite la rupture continentale et a commencé l'ouverture océanique proprement dite ? Cette rupture s'est-elle opérée partout en même temps, ou en « ciseau », progressivement du Sud vers le Nord, comme on ouvre une fermeture-éclair ?

Je ne me désintéressais pas de ces questions, je l'ai dit, auxquelles un forage pouvait apporter des réponses. Mais j'en faisais une seconde priorité, à traiter après la résolution de l'énigme des serpentinites mises à nu sur le fond marin. Pourtant, si je voulais enfin réussir à convaincre mes juges, il me fallait faire preuve de réalisme. Inverser les priorités. Et c'est par ce chemin diplomatique autant que scientifique que j'ai pu enfin bousculer les barrières mises devant mon projet.

Fig. 17. Le JOÏDES-Résolution en 1985

J'ai raconté ailleurs[6] le « vécu » de la campagne 103 du programme ODP ; mon étonnement devant les dimensions et la puissance du navire foreur, le « JOIDES Résolution » (fig. 17), où je me perdais les premiers jours ; l'accueil mitigé réservé par l'équipe scientifique (25 spécialistes de 10 nationalités différentes) au chef de mission français, auréolé de sa compétence régionale certes, mais à l'anglais si incertain et aux intérêts scientifiques si bizarres. J'ai décrit aussi les alternances de tension et de concorde qui ont jalonné mes relations avec l'autre chef, américain celui-ci (E.-L.Winterer), affichant l'assurance propre à sa nationalité, mais peu au fait du dossier scientifique de la campagne. Car nous étions deux chefs à bord, en principe pour se partager le travail entre le jour et la nuit, en réalité pour se contrôler mutuellement, je le soupçonne. Mon « co-chef », plus âgé que moi (j'ai fêté à bord mon cinquante et unième anniversaire), avait choisi d'être de quart de jour, aux heures de plus grande écoute par l'équipe scientifique, tandis que j'essayais de dormir sur mon étroite couchette. Je veillais donc toutes les nuits, travaillant d'arrache-pied pour ne pas me laisser distancer, mais prenant aussi le temps de tenir le journal personnel de la fascinante expérience que je vivais. De retour à terre, j'ai pu ainsi puiser dans mes notes pour écrire le récit de notre confinement de deux mois, des péripéties techniques et scientifiques des forages (5 courts puits, dispersés dans une large zone), de ma perplexité enfin, à l'heure du bilan, devant un verre qui me semblait à moitié vide, et que je sais aujourd'hui avoir été plus qu'à moitié plein…

Je laisse donc le lecteur curieux retourner à ce récit, pour ne plus parler ici que de mon « bébé », le très court puits (N° 637 ; 75 mètres de pénétration) foré sur la colline 5100 au tout début de la campagne. Voici ce que j'en écrivais il y a 36 ans,

6. G. Boillot, 2016. Avant l'oubli. Autobiographie d'un scientifique. Paris, Orizons, 850 p. La campagne103 était la troisième du programme ODP. Elle avait été précédée d'une centaine d'autres par un autre navire foreur : le « Glomar Chalenger ».

une nuit de mai 1985, dans le bureau sans hublot du bateau foreur :

« Deux heures du matin. Sérénité provisoire. Si je n'ai rien écrit hier dans ce cahier, c'est parce que j'étais bien trop occupé, trop troublé et anxieux avant d'être enfin soulagé, pour délaisser ne serait-ce que quelques instants l'action immédiate.

Nous avions prévu 150 m de sédiment meuble, mais hier à 11 heures, le trépan était toujours dans le mou à - 210 m. Je l'ai dit, le temps vaut beaucoup, beaucoup d'argent sur ce navire qui coûte plus d'un demi-million de francs par jour. (…) Une faille imprévue ? Une erreur dans le positionnement du navire ? À chaque arrivée du carottier sur le pont, toutes les deux heures et demie, de plus en plus nerveux, j'allais à cet endroit du pont où l'on accueille les carottes, et c'était toujours de la boue qui remplissait le carottier. Dans l'équipe, quelques esprits malveillants organisaient des paris sur la profondeur où, finalement, il faudrait aller chercher la roche dure qu'on leur promettait depuis deux jours. Et aussi sur la nature de cette roche. Car, bien rares étaient ceux qui adhéraient à l'hypothèse que je suis venu vérifier ici, en plein océan. Je croyais les avoir convaincus, mes partenaires ; mais non, ils étaient tous restés sceptiques. À commencer par mon co-chef lui-même, qui n'aurait peut-être pas été tellement fâché si je m'étais lourdement trompé dès le premier forage.

Et puis, à partir de cinq heures du matin, la couleur du sédiment a changé ; la boue rencontrée jusque-là a pris un aspect nouveau. Une couleur rouille que je reconnaissais pour m'en être déjà étonné il y a bientôt sept ans, à l'arrivée sur le pont de la drague pleine de l'échantillon mystérieux que nous avions prélevé alors. S'agissait-il de la couche d'altération enrobant la roche que j'attendais ? À 11 heures, le chef foreur est venu m'annoncer avec un large sourire qu'on tournait dans le dur. Et c'est à midi que j'ai pu toucher la première carotte de roche, et cette roche était celle que j'espérais… Mon soulagement, à la mesure de l'anxiété des deux jours passés ! Je crois même que j'ai ressenti de la joie. Il ne faut pas avoir peur de ce mot. Oui, de la joie, comme depuis longtemps je n'en avais pas éprouvée de pareille dans mon travail. Le chemin a été tellement long, et dur, pour en arriver là : combien d'articles, de conférences dans les congrès à travers le monde, d'exposés devant ceux à qui revenait la décision de forer ici plutôt qu'ailleurs ? Enfin ces deux jours d'attente que je viens de vivre, qui ne sont rien sans doute par comparaison avec les sept années passées à préparer, à imaginer cet instant, mais qui les valaient bien par l'intensité du désir. Oui, de la joie, de la jubilation, qui se voyaient sans doute sur mon visage puisque mon plus franc contradicteur, en beau joueur, est venu me serrer la main et me féliciter. Car, tous l'ont bien compris, ce forage-ci est mon affaire plus que le suivant, qui doit commencer la semaine prochaine.

Pourtant, rien n'a été découvert finalement, sinon ce que j'attendais. Pas de surprise donc. La trouvaille, nous l'avons faite il y a sept ans, un peu par hasard, un peu par obstination. Aujourd'hui, il s'agit seulement de la confirmation d'une découverte déjà ancienne. Ce n'est pas tant ma curiosité scientifique qui est satisfaite que mon amour-propre de chercheur. Enfin pas tout à fait. Malgré l'affichage de ma conviction, un doute subsistait en moi. Et si je m'étais trompé ? Si les réticences de mes collègues étaient fondées ? Ma joie d'avoir raison contre tous est maintenant d'autant plus vive que j'ai secrètement douté, et que ce doute a été balayé. C'est vrai, l'état de bonheur où je suis plongé depuis quelques heures procède autant, sinon davantage, de mon succès personnel que de la satisfaction éprouvée par tout chercheur devant une avancée scientifique majeure. J'ai conscience de tout cela, mais ma joie n'est pas diminuée pour autant. La recherche scientifique est aussi une quête de soi-même... ».

XIII
L'exhumation des péridotites du manteau sous-continental

J'ajoute au récit de ces émotions un autre souvenir du même moment. Avant de parvenir entre mes mains, la première carotte de péridotite serpentinisée était passée dans celles de Jacques Girardeau, le collègue français embarqué avec moi en tant que « géologue structural ». Se saisissant du précieux objet encore mouillé d'eau de mer : « Ça a bien l'air d'une péridotite… » annonça-t-il. Et tandis qu'un flux de dopamine traversait mon cerveau, je le voyais encore perplexe : « …C'est surprenant cette foliation… ». Car la roche ne paraissait pas homogène, mais composée de feuillets superposés, comme le sont les schistes et les ardoises, mais avec une bien plus grande compacité (Fig. 18).

L'aspect folié d'une roche est un indice de cisaillement sous forte pression et à température élevée. En anticipant sur les études conduites à bord et, plus tard, à terre dans les laboratoires, je dévoile tout de suite les conclusions auxquelles nous sommes parvenus pour commencer à reconstituer l'histoire géologique de la serpentinite carottée par le JOÏDES Résolution.

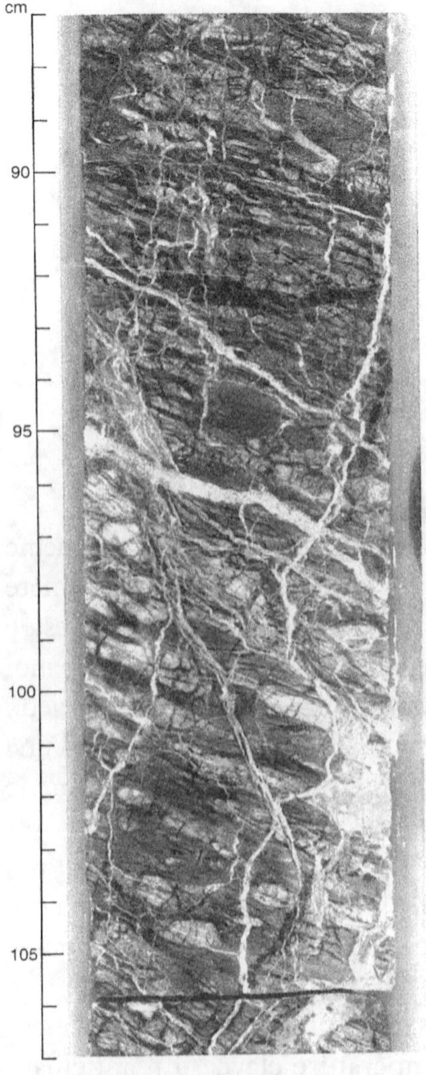

Fig. 18. Carotte de serpentinite sciée. Les fractures dues au gonflement de la roche sous l'effet de la serpentinisation sont superposées à la foliation initiale de la péridotite, inclinée vers l'Est. (Les taches claires dans la foliation sont des minéraux étirés).

Notre échantillon a subi *avant sa serpentinisation* (son altération hydrothermale par l'eau de mer) un cisaillement de grande ampleur à plusieurs km ou dizaine de km de profondeur. Le « pendage » de la foliation, 35° environ par rapport à l'horizontale, la déformation intime des minéraux de la roche, enfin la mémoire de leur aimantation par le champ magnétique terrestre, démontrent que ce cisaillement fossile s'enfonce à l'Est, sous la marge du continent ibérique, et que le compartiment supérieur des terrains en contact a glissé aussi vers l'Est, sur la surface de la faille, avant de s'immobiliser dans sa position actuelle. Dans le langage géologique, la foliation résulte du mouvement d'une gigantesque fracture « normale » plane, inclinée vers le continent ibérique, ayant joué sous l'effet d'une extension de la lithosphère, dont elle a ainsi provoqué l'amincissement. Si je reprends la comparaison avec un paquet de cartes qu'on étale, le détachement est figuré par la surface de glissement entre deux cartes.

Les structures de ce type, connues depuis quelques années pour découper la croûte continentale soumise à extension en « tranches » peu inclinées et superposées, sont nommées failles basales, ou failles de détachement. Elles ont pour effet de mettre à jour des niveaux profond de la croûte, comme les cartes étalées montrent une partie de leurs dos. L'idée nouvelle est d'enraciner le cisaillement dans le manteau et non plus seulement dans la croûte. Les terrains qui le constituent peuvent ainsi être exhumés avant d'être altéré et transformés en serpentinite au contact de l'eau de mer.

Comment en sommes-nous venus à ce schéma évolutif (fig. 19) ? Pour répondre, je dois revenir à l'instant où la première carotte nous a été livrée. Tout à ma joie de l'identification de ma serpentinite (je pense avoir droit à cet article possessif après tant d'efforts pour la faire exister dans l'esprit de mes collègues), je n'ai pas, sur le moment, prêté grande attention à ce fait nouveau : la foliation de la roche, qui témoigne de sa déformation en profondeur. Pourtant, il nous était donné-là une nouvelle pièce du puzzle que nous cherchions à assembler. Cette pièce allait rester encore des mois sur la table avant de trouver sa place dans l'histoire de la rupture continentale entre l'Ibérie et l'Amérique. Encore un exemple de cette paresse de l'esprit quand il explore des terres nouvelles...

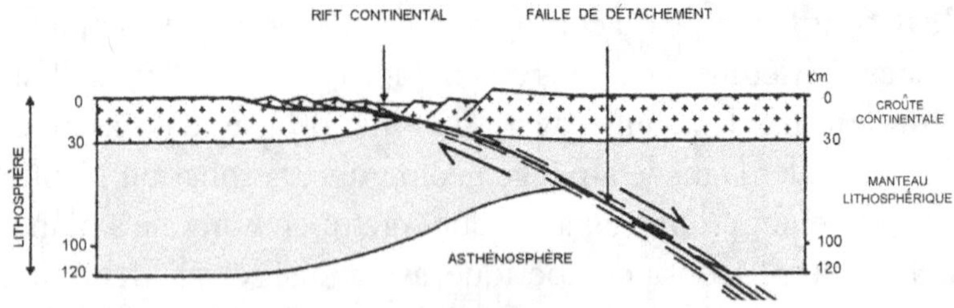

Fig. 19. Premier modèle de rifting (Wernicke, 1985) rendant compte de l'exhumation des péridotites du manteau par le mouvement d'une faille de détachement. L'écartement des plaques augmentant, de nouvelles surfaces de péridotites apparaîtront sur le fond marin où elles seront transformées en serpentinites au contact de l'eau de mer.

Quelle nécessité m'a fait vaincre cette paresse ? Une échéance proche sans doute m'a stimulé. Un an après la fin de la campagne de forages, une réunion de synthèse devait se tenir près de Houston, aux USA, pour confronter données et idées au sein de l'équipe scientifique brièvement reconstituée pendant une semaine. Imaginaire ou réelle, une course entre les deux chefs de missions était engagée ; c'était à qui le premier présenterait à l'équipe la meilleure synthèse des résultats de notre travail collectif. La recherche scientifique comporte une part de compétition entre laboratoires et entre personnalités encombrées de leur ego…

Quelques mois plus tôt, j'avais eu l'occasion de lire l'article récent d'un géologue américain, B. Wernicke, qui avait travaillé aux USA dans les « Basin and Range » où l'étirement et l'amincissement de la croûte continentale résulte du jeu de failles de détachement. Partant de là, il avait imaginé que des structures analogues, mais enracinées plus profondément dans le manteau, pouvaient de la même façon provoquer la dénudation des péridotites à l'affleurement sur l'île de Zabargad, en Mer Rouge.

Cette analogie avec notre propre cas fut pour moi une sorte de révélation. Jusque-là, on imaginait que la rupture continentale se produisait selon une fracture verticale, qui ne pouvait expliquer ni la dénudation des péridotites, ni leur foliation et son pendage (son inclinaison par rapport à l'horizontale). Le « modèle » de Wernicke au contraire permettait de réunir ces trois pièces du puzzle jusque-là séparées : la foliation de nos carottes, son pendage vers l'Est et l'exhumation des terrains mantelliques. L'hypothèse d'une faille de détachement d'échelle lithosphérique, enracinée quelque part dans le manteau, et active au temps du rifting, rendait compte de la plupart de nos observations, et du même coup pouvait rassembler l'équipe scientifique du JOIDES Résolution autour d'un schéma simple et séduisant. Pourtant, il manquait encore la datation du mouvement, qui, seule, pouvait faire taire les sceptiques (pourquoi pas une foliation héritée de l'histoire paléozoïque ?) et valider le nouveau modèle. Mais qu'importe : lors de la réunion de Houston, j'ai pu défendre et faire partager par la majorité des membres de l'équipe l'interprétation qui avait lentement muri dans mon esprit les mois précédents.

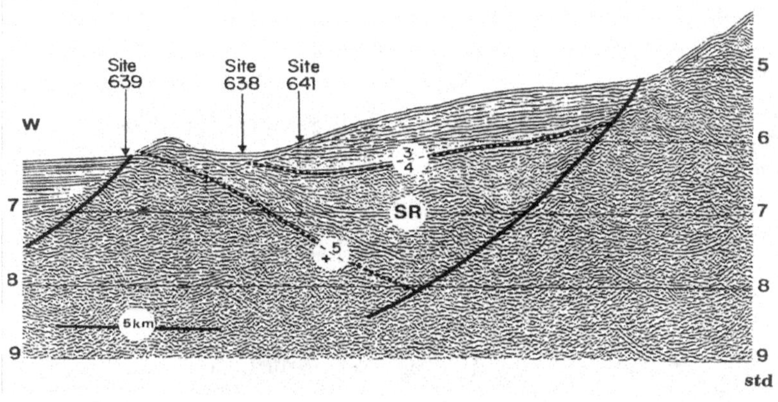

Fig. 20. Emplacement des forages dans la couverture sédimentaire d'un bloc basculé de la marge galicienne. À eux trois, ces forages ont permis de traverser les séries post-rifting (3), syn- rifting (4 ; SR) et pré-rifting (5) et d'atteindre le socle des sédiments mésozoïques (Site 639). Std : aller et retour des ondes acoustiques en « secondes temps double ». L'emplacement de l'image sismique se trouve sur la coupe synthétique de la fig. 25.

Tout en confirmant mon statut de leader scientifique, j'ai ainsi réimporté aux États-Unis une idée qui en provenait, mais en la faisant passer de l'hypothèse un peu gratuite (l'explication de l'île de Zabargad par le jeu d'un détachement était et reste encore très contestée) à un début de démonstration en un autre lieu. Du même coup, la campagne 103 de l'ODP (la nôtre) se trouvait grandement valorisée : les résultats scientifiques des forages dans les serpentinites, qui éclairaient le mécanisme du rifting, et dans la couverture sédimentaire de la marge, qui en donnait la chronologie, s'éclairaient mutuellement, et justifiaient *a posteriori* leur programmation simultanée. À la grande satisfaction des responsables de l'ODP...

L'histoire de la marge est en effet enregistrée aussi dans sa couverture sédimentaire. Je dois brièvement expliquer comment.

Les terrains déposés avant ou pendant le rifting sont basculés avec les blocs de croûte qui les portent ; au contraire, les sédiments accumulés après, quand le demi-rift est devenu une marge « passive », restent à peu près dans la position de leur dépôt. Une « discordance » angulaire bien visible sur les profils sismiques (*cf.* fig. 16) sépare ainsi les sédiments syn- et post- rifting, qu'il est possible de dater en déterminant par la micropaléontologie leurs âges de part et d'autre de la discontinuité. Cette première et classique méthode, appliquées aux données de notre campagne de forages (fig. 20), a permis d'attribuer un âge de 115 Ma, déjà cité par anticipation, à la rupture continentale complète entre l'Europe l'Amérique, du moins à cette latitude. Quant à la date du début du rifting (140 Ma), elle nous a été donnée par le premier sédiment reposant sur le calcaire pré-rifting, lui-même déposé directement sur le « socle » hercynien. Ce calcaire, formé en eau peu profonde, est celui que nous avions carotté autrefois sur le Banc le Danois et souvent dragué plus récemment sur les versants du Banc de Galice. La série stratigraphique est désormais complète.

Voilà, parmi d'autres, les précieux enseignements chronologiques apportés par la série de forages qui ont suivi celui entrepris dans les serpentinites, et qui ont occupé la plus grande partie du temps de la campagne. Un temps loin d'être perdu, on le comprend, en dépit de ma contrariété de n'avoir disposé que d'une petite semaine pour forer dans la montagne 5100.

J'ai annoncé qu'il restait à dater le fonctionnement de la faille de détachement pour unir dans un même scénario la tectonique et la stratigraphie régionales. Malheureusement, les carottes du JOÏDES Résolution ne permettaient pas de donner un âge à la foliation. Il fallait pour cela d'autres prélèvements, incluant des filons de roches magmatiques dans les péridotites, plus accessibles aux méthodes de datation que les serpentinites. Ce sera fait l'année suivante, d'après des échantillons recueillis depuis le submersible français « Le Nautile ».

XIV
Première campagne de plongées en Nautile (1986)

Un dragage et un court forage au même endroit, c'est peu pour qui estime avoir découvert un processus géologique actif partout sur le globe. Au point d'avoir pensé le nommer « éduction » (création de nouvelles surfaces lithosphérique) par opposition à la subduction (disparition de telles surfaces). Il fallait maintenant généraliser, d'abord en étendant la prospection de part et d'autre de la colline 5100, puis, si possible, dans d'autres régions de l'océan mondial. Vaste programme, dont je n'ai pu exécuter que le tout début, mais qui est maintenant en grande partie accompli, 30 ans après nos campagnes pionnières…

Nous avons commencé par le Nord, où les chances de trouver des affleurements rocheux sur le versant occidental du Banc de Galice étaient plus grandes qu'au Sud, dans la morne plaine abyssale ibérique au large du Portugal. Nous avions aussi besoin d'un outil permettant des observations et des localisations plus précises qu'une simple drague. Le sous-marin de l'IFREMER « Le Nautile » pouvait répondre à cette exigence. Nos autorités de tutelle l'ont mis deux fois à notre disposition, en 1986 et en 1995.

Fig. 21. Le Nautile sorti de l'eau par la potence du Nadir, navire de l'IFREMER.

Plus performant que le submersible jadis utilisé au Nord de l'Espagne (Cyana), le Nautile (fig. 21) est une petite sphère de titane (2,1 m de diamètre intérieur) capable de plonger avec ses flotteurs jusqu'à -6000 m. Notre zone d'étude galicienne, qui ne dépassait pas 5500 m de profondeur, lui était donc accessible. Muni de bras mécanique et d'un panier externe comme Cyana, le sous-marin avait les moyens de prélever des échantillons géologiques et de les conserver jusqu'à son retour sur le navire porteur. Comme dans Cyana aussi, trois personnes cohabitaient à bord pendant une plongée : le pilote, le navigateur et un scientifique.

Pour occuper cette place de scientifique embarqué, il fallait des femmes et des hommes « de terrain », ayant l'expérience de l'observation des affleurements rocheux et la capacité de reconnaître depuis les vitres d'un hublot les figures géologiques qui leur étaient familières à terre. Les géologues marins devaient donc s'effacer devant eux. Cependant, en tant que chef de mission, je plongeais une fois par campagne pour évaluer les conditions de travail sur le fond et la qualité des données recueillies par mes coéquipiers. Je cite une nouvelle fois mon journal personnel pour faire partager un court instant les émotions que l'on éprouve lors d'une descente vers les grands fonds.

« Hier, c'était à moi de plonger, et les images que j'ai gardées de cette visite à 5000 m de profondeur m'ont hanté toute la nuit. L'émotion ne vient pas tant de découvrir un paysage somme toute assez banal que d'entrer le premier dans un espace où jamais homme n'a pénétré. Sur des fonds de boue à peine bosselés, couleur d'argent sous la lumière rasante des projecteurs, vivent de petits crabes qui attendent, immobiles, d'improbables proies. Plus loin, au bout d'un labour compliqué, gît une holothurie noire, à demi enfouie. L'ombre énorme d'un poisson se projette sur la vase, il évolue très lentement, en ce monde du silence et de la nuit, il a le temps de vivre, aucun prédateur ne le menace. Il suit son ombre et passe avec nonchalance devant le hublot, le voilà tout près, c'est un gros poisson aveugle, couleur de lune, avec une bosse sur la tête... Autour de nous il neige, et parmi les flocons sont de petites crevettes transparentes et aveugles elles aussi. Comme nous sommes loin, immensément loin du monde des hommes ! Ces bêtes des profondeurs et de l'obscurité vivent sur une autre planète, dans un autre temps, réfugiées là depuis des millions d'années. Sur le sol, elles laissent les traces de leur fouille obstinée et silencieuse, elles ne voient pas la lumière de nos projecteurs, elles vivent au ralenti. Le submersible se met doucement en route sans les faire fuir, je vois défiler ce paysage lunaire depuis la couchette où je suis étendu sur le ventre, le nez contre le hublot ; le moteur électrique de notre engin fait un bruit discret, comme s'il était attentif à ne pas éveiller ce monde assoupi. Couché à mon côté, lui aussi sur le ventre, le pilote manœuvre vers la falaise rocheuse qu'il a repérée au radar. Faute de pouvoir l'écrire, ce que je dis, ce que je vois est enregistré, je décris par la parole tous les objets, vivants ou inertes qui défilent tout près de moi mais au-delà du hublot, dans l'autre monde. À bord du bateau, demain, nous pourrons revivre avec toute l'équipe ce viol du silence et de la nuit, en écoutant ce que j'ai

dit, en revoyant ce que j'ai vu. Voici la falaise rocheuse, noire et déserte. Alors l'émotion change de nature. L'homme fasciné par les mondes engloutis se mue en géologue avide d'arracher son secret au gisement qu'il découvre, d'y prélever l'échantillon qui lui permettra d'interroger la mémoire géologique gravée dans les terrains que le forage a manqués l'an dernier… ».

La campagne de plongées de 1986 avait deux objectifs principaux. Le premier, déjà annoncé : suivre vers le Nord « la ride de serpentinite » et y prélever des échantillons, du moins si des conditions locales le permettaient ; le second : rechercher la transition des fonds de serpentinite avec le plancher basaltique de la « vraie » croûte océanique.

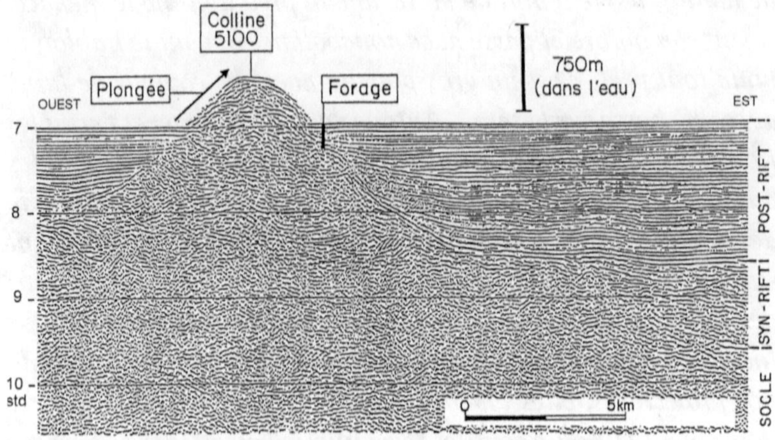

Fig. 22. La colline 5100, et les emplacements du forage de 1985 et de la plongée de 1986 (elle-même à proximité du site du dragage de 1978). L'emplacement de la section sismique est reporté sur la fig. 25.

La série de 15 plongées (en 30 jours de mer ; nous avons beaucoup souffert du mauvais temps cette année-là) commença par un retour sur le versant occidental de la colline 5100 (fig. 22). Un échantillon de l'argile couleur de rouille draguée 8 ans plus tôt suffit à nous replacer dans la continuité de nos actions antérieures. La série de photos prises sur la pente que remontait le Nautile en naviguant montrait clairement la foliation des terrains là où ils étaient débarrassés de vase récente (fig. 23) : la serpentinite s'est altérée sur place en argile, en gardant sa structure comme une boiserie encore en place mais dévorée par les insectes tombe en poussière si on la touche. Le pendage vers l'Est de la foliation a lui aussi été vérifié *de visu*. Nous pouvions donc aller de l'avant, ou plutôt vers le Nord : la campagne qui commençait était bien enchaînée avec les précédentes.

Fig. 23. Affleurement de péridotite serpentinisée sur le versant occidental de la colline 5100, montrant sa foliation à pendage Est.

Attente comblée aussi sur la pente occidentale du Banc de Galice : au cours de 4 plongées, de nombreux échantillons de serpentinite ont été recueillis par les passagers du Nautile ; tous ont les caractères pétrologiques et structuraux des roches forées l'année précédente sur la colline 5100. La « ride » de serpentinite se continue donc bien vers le Nord, jusqu'à 100 km de la colline. Cependant, au pied du Banc de Galice, elle a été soulevée et rendue accessible aux prélèvements par le Nautile grâce aux mouvements tectoniques « pyrénéens ». Sur le versant Nord et Nord-Ouest de ce même Banc, ce sont au contraire des basaltes qui affleurent, eux aussi soulevés à l'Éocène (fig. 24). Ils recouvrent probablement les serpentinites d'une couche peu épaisse ; mais le passage à la zone où celles-ci sont dénudées sur le fond n'a pas été observé pendant cette campagne.

Fig. 24. « Pillow-lavas » basaltiques au pied du Banc de Galice.

En revanche, la qualité et la taille des échantillons de serpentinite récoltés par le Nautile ont rendu possibles des études géochimiques plus fines que ne l'avaient permis les carottes du JOÏDES Résolution. C'est ainsi qu'un filon de diorite (une roche volcanique grenue, c'est-à-dire entièrement cristallisée) traversant la serpentinite a permis d'ajouter une nouvelle pièce au puzzle en construction. La roche de ce filon contenait en effet, selon les endroits, les mêmes minéraux déformés ou intacts, c'est-à-dire cristallisés juste avant et immédiatement après l'ultime déformation du filon de diorite et des péridotites encaissantes. En datant ces minéraux par une méthode géochronologique, Gilbert Féraud a pu ainsi établir le moment où la déformation de la diorite a cessé. Et l'heureuse surprise (mais très attendue) fut de déterminer un âge à peine plus ancien que celui indiqué par la stratigraphie de la marge pour la fin du rifting (122 Ma contre 115). Rien d'étonnant à ce petit décalage, au contraire : il correspond au temps nécessaire à la péridotite cisaillée en profondeur pour parvenir en surface, là où elle a été prélevée.

Pas de « divine surprise » pendant cette campagne, donc, mais des confirmations capitales : la prolongation vers le Nord de la ride de serpentinite, premier pas vers la généralisation de ce type de fond en bordure de marge passives ; la proximité temporelle entre l'arrêt de la déformation en profondeur de la lithosphère et l'achèvement du rifting enregistré par les sédiments de la marge, qui permettait de lier définitivement l'évolution du rift au jeu du détachement, et par conséquent de valider notre modèle. Enfin, dernier bénéfice, mais non le moindre : cette première campagne du Nautile en préparait une seconde, dont la cible était maintenant bien situés sur la pente du Banc : les lieux étaient repérés où il fallait revenir pour une étude détaillée de la faille de détachement à son intersection avec la surface du fond marin. Ce qui sera fait 9 ans plus tard...

Cependant la réflexion progressait, avec cette « prudence » que j'ai souvent déplorée. On se souvient que la sismique réflexion avait montré que le réflecteur S rejoint le versant de la colline 5100 où a été implanté le forage et où les terrains mantelliques gardent l'empreinte de la déformation attribuée à la faille de détachement. Notre mystérieux réflecteur était donc identifié depuis longtemps au toit des serpentinites, sans que nous en ayons pris claire conscience ; plus précisément depuis que la foliation des péridotites forées avait été reconnue comme la « signature » du détachement, qui émerge ainsi sur le fond marin au même endroit que S. Nous aurions voulu forer à travers le réflecteur que nous n'aurions pas choisi un autre site. *S est donc l'image sismique du détachement.* Il fallait y penser… Notre incroyable chance est d'avoir implanté le forage précisément à l'endroit où nous pouvions identifier géologiquement le réflecteur ; et cela sans l'avoir prémédité, puisque l'objectif initial de ce forage n'était que de vérifier la nature géologique de la colline 5100.

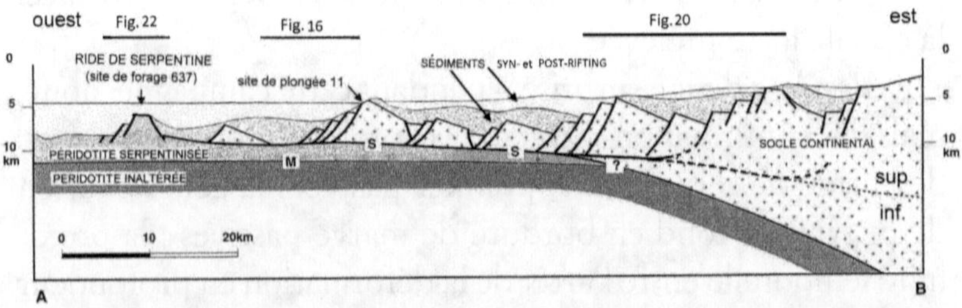

Fig. 25. Coupe Ouest-Est synthétique de ma marge profonde de Galice. S : réflecteur S ; M : Moho. Les emplacements des sections de profils sismiques reproduits sur les figures 16, 20 et 22 sont indiqués. L'emplacement de la coupe est situé sur la fig. 26.

Mais alors, nouvelle question : les terrains situés sous l'horizon S, supposés jusque-là être de nature continentale d'après leurs propriétés physiques, ne sont-ils pas eux aussi constitués de serpentinite comme à l'endroit du forage ?

Avant d'aller plus loin, je souhaite clarifier un malentendu entre géologues et géophysiciens, qui met encore aujourd'hui de la confusion dans leurs débats. La croûte, le manteau et le Moho qui les sépare ont été définis par les sismologues au début du vingtième siècle d'après les vitesses des ondes acoustiques naturelles ou artificielles traversant les terrains superposés. Les géologues, dont c'est le métier, ont voulu identifier les roches correspondantes. Je prends le cas du manteau : parmi les terrains connus, c'est la péridotite qui en possède les propriétés physiques les plus proches (densité de 3,3 et, corrélativement, vitesse de propagation des ondes acoustiques de l'ordre de ou supérieures à 8,1 km/s). Très vite cette roche est donc devenue synonyme de manteau pour les géologues, d'autant que des fragments en remontaient avec les laves volcaniques d'origine profonde, je le rappelle.
Dès lors, il est devenu très difficile de faire admettre à ces mêmes géologues qu'une serpentinite appartient à la croûte par ses proprié-

tés physiques (densité et vitesse propagation des ondes acoustiques inférieures à 3,3 et 8,1 km/s), alors qu'elle dérive de péridotites caractéristiques du manteau. Pourtant, les termes que l'on utilise doivent garder leurs définitions originales. C'est la règle, me semble-t-il. Le retard que nous avons mis à identifier les terrains situés sous le réflecteur S tient sans doute à ce blocage entre deux systèmes de pensée, l'un définissant les terrains par leurs propriétés physiques, l'autre par leur nature géologique. Dialogue de sourds entre physiciens et naturalistes, qu'un géologue marin, constamment aux prises avec les outils géophysiques, pouvait sans doute mieux surmonter qu'un géologue de terrain.

Je reviens aux marges d'Armorique et de Galice. On se souvient que, au-dessous du réflecteur S, la vitesse des ondes sismiques (6,5 km/s ; *cf.* fig. 15) est celle généralement mesurée sous les continents dans la partie inférieure de la croûte. Cependant, des péridotites partiellement transformées en serpentinites peuvent avoir la même densité et transmettre les ondes acoustiques avec la même vitesse. La couche inférieure de la croûte, jusque-là attribuée à des gabbros (dans l'océan) ou à des terrains métamorphiques de haut grade (sous les marges passives), peut donc aussi être constituée de roches du manteau altérées et allégées par hydrothermalisme. Dans cette hypothèse, la forte réflectivité de l'horizon S s'explique facilement par le contraste de densité entre la croûte continentale étirée du rift (sa partie supérieure, d'après nos prélèvements ; *cf.* fig. 25) et les péridotites sous-jacentes partiellement serpentinisées et cependant plus denses que les terrains qui les surmontent. Encore faut-il que l'eau de mer puisse parvenir jusque-là et altérer les péridotites. J'y viendrai dans le chapitre XVI.

Un nouvel espace de réflexion s'ouvrait ainsi à nous, qui concernait non seulement la marge, mais aussi le proche océan. En attendant d'aller jusque-là, nous avons publié en 1989 une brève note à *Nature* où se trouve la coupe géologique synthétique de la transition continent-océan au large de la Galice telle qu'elle est reproduite, à peine modifiée, sur la figure 25. L'aventure scientifique débutée 10 ans plus tôt touchait à son terme.

XV
Dernières campagnes en mer

Après avoir prolongé de 100 km vers le Nord la ride de serpentinite forée sur la colline 5100, il nous fallait maintenant la suivre vers le Sud. Non pas en cherchant de nouveaux sites d'affleurement au large du Portugal : j'ai dit combien les fonds sous-marins de la plaine abyssale ibérique sont partout désespérément plats. Mais, par la sismique réflexion, nous espérions repérer les cibles d'éventuels forages, et même « imager » la partie superficielle du substratum des sédiments.

En préparant cette dernière mission de sismique, j'avais donc en vue le projet d'une nouvelle campagne du JOÏDES Résolution, complétant celle de 1985 et étendant ses résultats. D'expérience je savais qu'une bonne prospection sismique est préalable à tout forage. Nous disposions désormais d'une chaîne d'acquisition « professionnelle » avec l'équipement fourni par l'IFREMER et servi par ses ingénieurs. La difficulté ne venait plus du scepticisme des décideurs sur l'intérêt scientifique du carottage dans le socle des sédiments ; j'avais eu le temps depuis la campagne de 1985 de les convaincre du bien-fondé de ma démarche. Maintenant, je craignais plutôt la concurrence internationale. Des équipes anglaises et américaines s'employaient comme moi à enrichir leurs dossiers de demande par des campagnes géophysiques préparatoires. Ce qui paraissait un objectif anecdotique cinq ans auparavant était devenu l'enjeu d'une véritable course, avec comme récompense pour le gagnant la réponse à ces questions : en contexte de divergence de plaques, quelle espace dans l'océan pour les fonds de serpentinite ? Quelles sortes de roches continentales reposent sur l'ancienne faille de détachement, du moins si elle a joué à l'Ouest du Portugal le même rôle qu'au large de la Galice espagnole ? Sans oublier d'autres problèmes déjà évoquées, touchant à la chronologie de l'ouverture de l'océan atlantique suspectée de n'être pas synchrone du Sud au Nord (ouverture « en ciseaux »).

La campagne de sismique eut lieu en 1990, quatre ans après les premières plongées du Nautile et cinq ans après les forages. Je pensais alors travailler pour l'équipe qui m'accompagnait et pour moi-même. Mais la programmation de coûteux forages obéissent plus à des considérations de politiques scientifique qu'à des ambitions personnelles. La France avait été bien servie les années précédentes, c'était au tour d'autres nations contributrices d'être invitées maintenant. Conduites sans moi, non pas une, mais deux campagnes de forage ont bien eu lieu en 1992 et 1994 dans la plaine abyssale ibérique (fig. 26). L'éthique scientifique exige dans ce cas de mettre à la disposition des chefs de mission désignés les données préparatoires à l'implantation des forages. J'eus donc la consolation (ou la frustration) de voir plusieurs puits se forer sur les profils sismiques enregistrées et traitées à mon initiative. Pour mieux me résigner, je devais me souvenir que les forages de la campagne que j'avais codirigée en 1985 avaient été implantés sur des profils sismiques enregistrés auparavant par l'IFP. Ainsi va la recherche, qui oblige à mettre en commun les données disponibles, en dépit de l'âpre rivalité qui oppose parfois ses acteurs. Mais, je le confesse, ma déception d'être écarté de la suite logique de mes entreprises fut amère. Place aux jeunes ? J'ai pu le croire quand la chercheuse qui m'avait aidé à rédiger mon propre projet (M.-O. Beslier) fut nommée chef de la seconde campagne. Décidément, le crépuscule de ma carrière professionnelle approchait…

L'objectif de ce texte n'est pas de dresser le bilan des recherches géologiques sur les marges continentales ibériques. Je vise seulement à montrer, par une expérience personnelle, « comment l'idée vient au géologue » quand il est plongé dans l'action ; d'où surgissent dans sa réflexion les idées, nouvelles ou reçues avant lui.

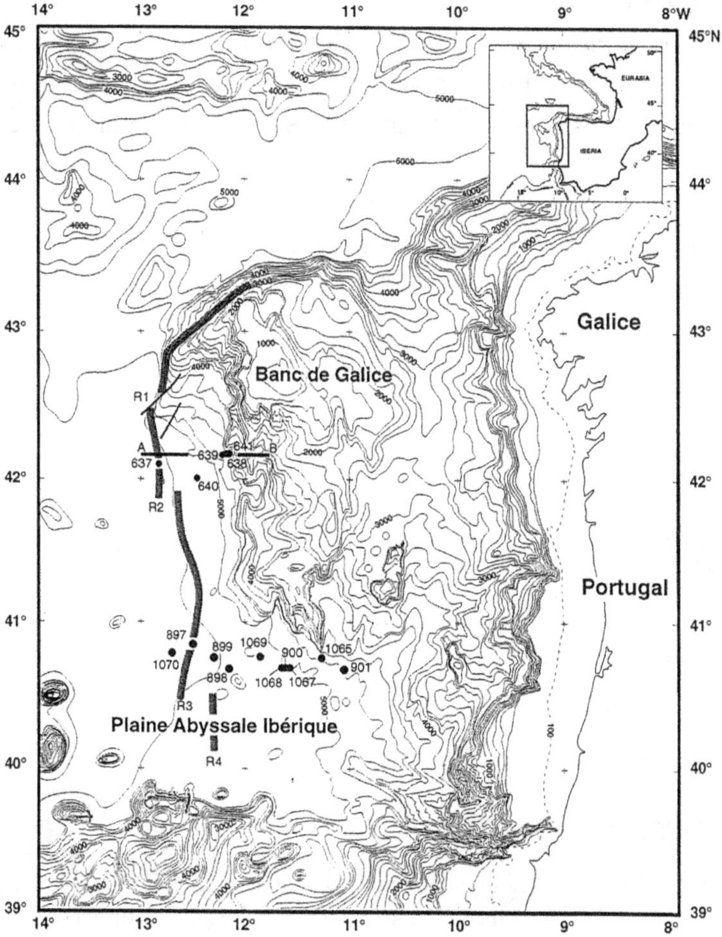

Fig. 26. Emplacement des forages scientifiques sur la marge Ouest-ibérique réalisés en 1985, 1992 et 1994. La « ride de péridotite » est soulignée d'un trait épais.
A-B : emplacement de la coupe de la fig. 25.

Le compte rendu de campagnes auxquelles je n'ai pas participé n'a donc pas sa place ici. Je résume toutefois : non seulement les fonds de serpentinites furent retrouvés à l'Ouest du Portugal, mais sur des surfaces bien plus étendues qu'au large de la Galice. Des blocs de croûte continentale (des « klippes ») « flottent » sur ces fonds, abandonnés sur le tapis roulant d'une faille de détachement marquée par un puissant réflecteur sismique analogue à S. Enfin, des échantillons de croûte continentale inférieure ont été recueillis dans la partie basale de ces blocs, alors que seule la croûte continentale supérieure avait été échantillonnée sur la marge galicienne, si j'excepte les granulites dont il sera question dans le chapitre XVII. Une généralisation, donc, et c'est déjà beaucoup ; mais pas de surprise obligeant à une remise en cause des idées acquises plus au Nord, qui restent donc une référence obligée.

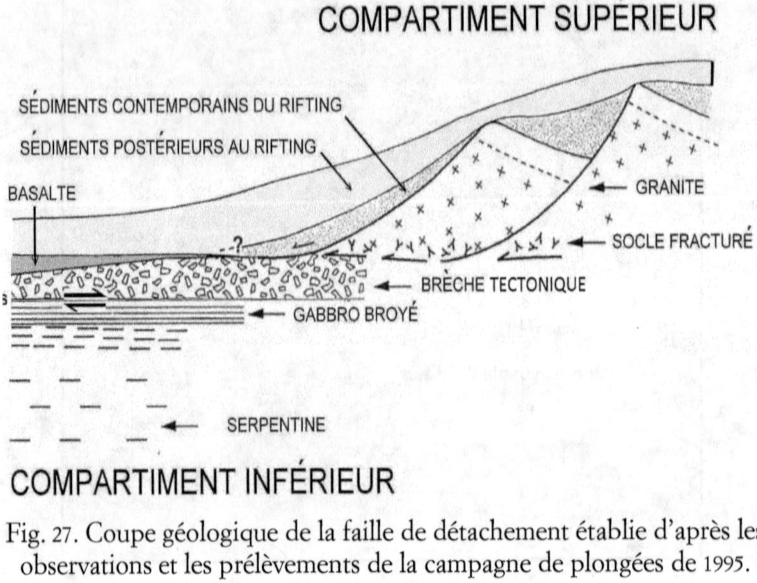

Fig. 27. Coupe géologique de la faille de détachement établie d'après les observations et les prélèvements de la campagne de plongées de 1995.

Clap de fin : je suis revenu une dernière fois en 1995 sur la marge ibérique. Après le temps d'une prospection régionale très large, puis celui de l'identification de la ride de péridotite et de la faille de détachement, était venu celui de concentrer les efforts sur une étude détaillée de cette faille. La seconde campagne de plongées avec le Nautile, 9 ans après la première, visait principalement à observer de près le détachement, à l'endroit où il peut s'observer sur une coupe, à son intersection avec la surface du plancher marin.

En simplifiant quelque peu, et en commençant par le bas, comme le Nautile navigant sur le fond, je décris ce qui a été observé et échantillonné sur plusieurs falaises sous-marines étagées (fig. 27).

L'exploration a débuté en terrain connu : les péridotites foliées, puis serpentinisées. Une confirmation, donc : avant d'être altérée en surface, la roche a subi en profondeur une déformation « ductile » à des températures et des pressions élevées. Le mot ductile fait référence à la plasticité du milieu quand il est soumis à de telles conditions, réalisées à plusieurs km ou plusieurs dizaines de km sous la surface de la lithosphère. Nouveauté cependant : aux péridotites sont associées de vastes « poches » de gabbros, déformés comme leur encaissant pendant le fonctionnement du détachement.

Au-dessus de ces péridotites et de ces gabbros déformés, repose une sorte de « broyat » schisteux (les géologues parlent de « mylonite ») de couleur verte, déjà ponctuellement observé et échantillonné en 1986, mais maintenant bien situé sur la coupe. Il s'agit à nouveau de gabbros, ceux-ci complètement écrasés et tardivement soumis à une altération hydrothermale qui leur a donné leur couleur et leur minéralogie (par transformation d'une partie de la roche en chlorite, concomitante de la serpentinisation des péridotites). Cette couche contribue probablement à donner sa réflectivité au réflecteur S, en raison de sa forte densité, comparable, sinon supérieure, à celle des péridotites altérées sous-jacentes. C'est elle aussi qui a le plus intimement subi la déformation imposée par le détachement ; elle a un peu joué le rôle d'un lubrifiant entre les deux compartiments lithosphériques glissant l'un sur l'autre.

Continuons à remonter la pente du banc. Au-dessus des gabbros broyés, le submersible a prélevé une « brèche » (un sédiment fait de cailloux anguleux ou faiblement émoussés) constituée d'un mélange de roches appartenant principalement à la croûte continentale supérieure (du granite), mais contenant aussi des fragments de serpentinite. Ce « mélange tectonique » a donc été nourri à la fois par le compartiment supérieur de la lithosphère et par son compartiment inférieur glissant l'un sur l'autre. Il est encore un produit du mouvement de la faille qui sépare ces deux compartiments, mais cette fois à basse température et à basse pression. Dans de telles conditions, la déformation en effet devient « cassante », et transforme en « brèches tectoniques » les terrains affectés[7].

Enfin, surplombant le tout, des blocs basculés composés de granite, dont la base est très fracturée. Sans surprise, nous étions parvenus, au sommet de la coupe, à toucher la croûte continentale étirée de la marge.

Notre exploration ayant été effectuée en plusieurs sites distincts, il est bien difficile de donner une épaisseur précise de cet ensemble de terrains déformés pendant le fonctionnement du détachement, d'autant que ses limites supérieures et inférieures sont floues, on l'a compris. Mais cette épaisseur atteint certainement plusieurs centaines de mètres. Le réflecteur S a l'épaisseur d'un trait sur les profils sismiques, et ne donne qu'une image incomplète de la structure géologique qu'il réfléchit. En fait c'est le contraste de densité entre les serpentinites et les gabbros broyés d'une part, les granites en blocs ou en débris moins denses d'autre part, qui joue le rôle du tain dans le miroir sur lequel les ondes sismiques sont réfléchies.

Quelles furent les nouveautés apportées par cette ultime campagne de ma carrière ?

7. Au passage, je remercie Niko Froitzheim, le géologue alpin que j'avais invité comme expert à participer à la campagne, et qui a attiré notre attention sur les rares fragments de serpentinite inclus dans la brèche.

Tout d'abord, la multiplication des échantillons de roches magmatiques, en filons ou en gisements massifs dans les péridotites foliées, a permis à Jacques Kornprobst et son équipe de montrer, par des analyses géochimiques minutieuses, que deux sources distinctes ont nourri les magmas intrusifs : la principale, située dans l'asthénosphère, sous le rift ; la secondaire dans la lithosphère sus-jacente, qui a en quelque sorte contaminé les magmas d'origine asthénosphériques. Très logiquement, l'abondance de cette seconde contribution a cependant diminué avec le temps, à mesure que progressait le rifting et que s'amincissait la lithosphère.

La principale nouveauté consiste cependant dans la présence massive des gabbros d'origine asthénosphérique, déformés ou broyés par le mouvement de la faille de détachement, et transportés par elle jusqu'à la surface du plancher marin.

La théorie prévoit que l'étirement horizontal de la lithosphère sous un rift continental provoque la remontée du manteau asthénosphérique et sa fusion partielle, à l'image de ce qui se passe sous une dorsale océanique. Le volcanisme associé à tout rifting en témoigne. À l'exception de ceux qui parviennent en surface, les magmas ainsi produits, de nature basaltique, traversent le manteau lithosphérique en voie d'amincissement, cheminant par de multiples filons, et finalement cristallisent sous forme de gabbros à la base de la croûte continentale, où ils sont arrêtés par des terrains moins denses qu'eux. C'est le processus de l'« underplating » (en français « sous-placage »).

Le phénomène a d'abord été postulé par les géophysiciens d'après les vitesses sismiques anormalement élevées mesurées sous l'axe des rifts ; sa réalité est manifeste ici, sur le rebord du banc de Galice, où affleurent les terrains sous-plaqués que le détachement a mis jour (les gabbros broyés, mais aussi ceux moins déformés observés en massifs dans les péridotites foliées). Un nouveau « chaînon manquant » dans l'histoire du rifting et de la rupture continentale nous était ainsi livré.

Enfin, éclatante confirmation : en 1995, Urs Schärer a pu montrer, par l'analyse géochronologique de zircons extraits des gabbros broyés, que l'âge de leur cristallisation entre la croûte continentale et les péridotites est identique (122 Ma) à celui établi naguère par Gilbert Féraud pour le cisaillement des péridotites par le détachement. Les deux datations, établies par des méthodes différentes, et sur des échantillons de roches elles-mêmes différentes (gabbros et diorites), donnent évidemment une grande confiance dans la reconstitution chronologique du processus alors en cours : en même temps que se mettaient en place les gabbros, la faille de détachement provoquait à la fois leur déformation et celle des péridotites encaissantes ou sous-jacentes.

La fusion partielle des péridotites asthénosphériques a mécaniquement augmenté en proportion de l'accroissement de vitesse de la divergence des plaques Amérique et Ibérie et de la remontée corrélative de l'asthénosphère à l'origine de la production de magmas. En témoignent les basaltes observés et prélevés par le Nautile sur le versant océanique de la ride de péridotite, qui se raccordent à ceux découverts en 1986 sur les versants Nord et Nord-Ouest du Banc de Galice (*cf.* fig. 24). Ces roches volcaniques, qui ne sont plus « sous-plaquées » mais, au contraire, en quelque sorte « sur-plaquées », forment au dessus des serpentinites une couche d'abord mince, qui s'épaissit probablement vers le large. Comme on pouvait s'y attendre, ces premiers basaltes sont partout plus jeunes que les gabbros sous-plaqués : Ph. Vidal et G. Féraud ont montré qu'ils se sont épanchés il y a 100 Ma., et qu'ils témoignent par conséquent de l'histoire géologique post-rifting.

Voilà le « puzzle » maintenant entièrement reconstitué. Récapitulons : les forages réalisés dans la couverture sédimentaire de la marge en 1985 ont fourni une chronologie du rifting : la subsidence de la marge, indice probable d'un début d'amincissement de la croûte continentale, a commencé il y a environ 145 Ma (sédimentation de calcaires « pré-rifting » en eau peu profonde). Le rifting proprement dit, dont témoigne les premier sédiments détritiques qui recouvrent les calcaires, a débuté il y a 140 Ma, tandis que sa rupture s'est produite à -115 Ma, marquée par l'arrêt du basculement des blocs de la marge et par le dépôt de turbidites en eau profonde. L'activité du rift galicien a donc duré approximativement 25 Ma. On a lu que les datations par Gilbert Féraud et Urs Schärer de minéraux contemporains du cisaillement des péridotites et de la cristallisation des gabbros en profondeur ont donné un âge d'environ 122 Ma. Les échantillons récoltés par le Nautile ne renseignent donc que sur les 7 derniers millions d'années écoulées avant la rupture continentale. La faille fonctionnait alors depuis longtemps sous le rift, et avait déjà acquis, on doit le supposer, une grande partie de son rejet total.

On comprend aussi que les déformations dont on observe les effets sur la coupe dressée par les passagers du Nautile ne sont pas synchrones ni de même nature. À la base, les péridotites foliées et les gabbros broyés il y a 122 Ma témoignent d'une déformation « ductile » dans les conditions de pressions et de températures réalisés à grande profondeur. Les brèches observées au sommet de notre coupe ont au contraire subi une déformation « froide » et « cassante » (on dit aussi « fragile ») à proximité immédiate de la surface et à la fin du rifting. La coupe visitée par le Nautile expose donc, en quelques centaines de mètres à la fois la mémoire et le mode du fonctionnement de la faille.

Le mode de fonctionnement : selon la profondeur et à un moment donné, et du fait de son pendage, la faille fonctionnait dans le manteau (péridotites foliées), à la base de la croûte continentale (gabbros broyés), et finalement au niveau de la croûte continentale supérieure fragile (la brèche granitique).

La mémoire : le voyage des gabbros broyés et du filon de diorite déformé, depuis leurs lieux de cristallisation (à la base de la croûte continentale) jusqu'à celui de leur mise en place à la fin du rifting (là ou nous les avons prélevés), a duré 7 Ma (entre -122 et -115 Ma). Selon l'épaisseur que l'on accorde à la croûte continentale à l'époque de son sous-placage, et connaissant l'inclinaison du détachement (30 à 40°), on peut estimer à 15 ou 30 km le rejet horizontal de la faille pendant ce laps de temps (7 Ma).

Quant aux témoins des déformations plus anciennes que 122 Ma, nous n'en avons pas trouvé les traces dans nos échantillons, à moins de leur attribuer une partie de la foliation observée dans les péridotites. On doit cependant supposer que le détachement a fonctionné pendant toute la durée du rifting (25 Ma), et par conséquent que son rejet horizontal total est bien plus important que celui estimé pour les 7 derniers Ma.

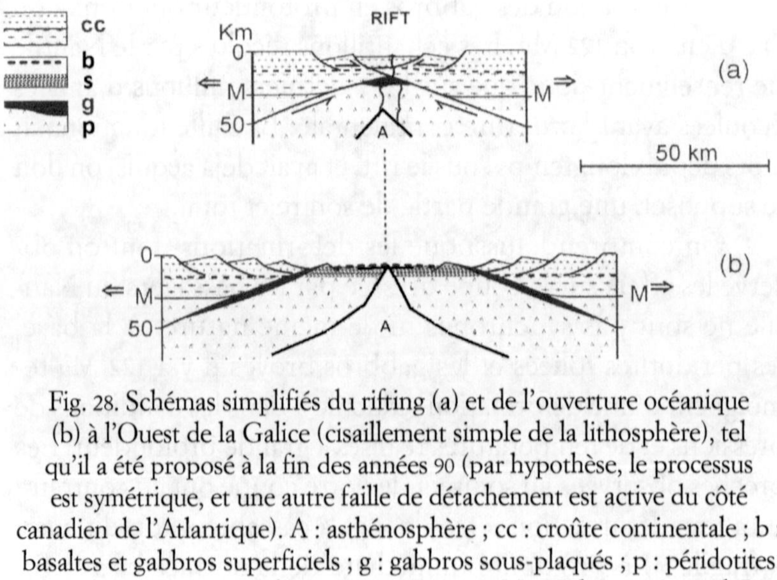

Fig. 28. Schémas simplifiés du rifting (a) et de l'ouverture océanique (b) à l'Ouest de la Galice (cisaillement simple de la lithosphère), tel qu'il a été proposé à la fin des années 90 (par hypothèse, le processus est symétrique, et une autre faille de détachement est active du côté canadien de l'Atlantique). A : asthénosphère ; cc : croûte continentale ; b : basaltes et gabbros superficiels ; g : gabbros sous-plaqués ; p : péridotites lithosphériques ; s : péridotites serpentinisées. M : Moho continental. Les failles de détachement sont supposées s'enraciner à la limite lithosphère-asthénosphère, à une centaine de km sous la surface, comme dans le modèle de la fig. 19.

Ce scénario maintenant complet de la rupture continentale laisse cependant en suspens une question : où s'enracine dans le manteau la faille de détachement ? À la limite lithosphère-asthénosphère (Fig. 28), ou bien à la base de la croûte continentale, là où s'accumulent les magmas sous-plaqués (Fig. 29) ?

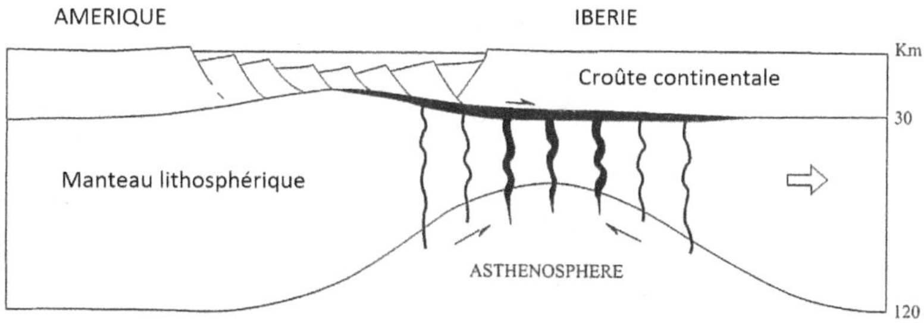

Fig. 29. Modèle de l'enracinement d'une faille de détachement dans le placage de gabbro sous la croûte continentale (cas d'un rift asymétrique). À ce stade précoce de l'évolution du rift, ni les péridotites ni les gabbros ne sont encore exhumés sur le fond marin (d'après Schärer).

Nous avons d'abord pensé que le détachement s'enfonçait jusqu'à à la limite lithosphère-asthénosphère, par définition frontière rhéologique majeure (fig. 28). Nous étions confortés en cela par les modélisations analogiques menées par M.-O. Beslier et J.-P. Brun dans les années 90. Cependant, Urs Schärer a proposé en 2000 une autre hypothèse : à son avis, la couche la plus ductile, celle où peut le plus facilement s'enraciner un détachement pour des raisons mécaniques, est le réservoir magmatique des gabbros en voie de sous-placage (Fig. 29). En ce cas, la faille de détachement n'a exhumé que le sommet du manteau lithosphérique.

Aujourd'hui encore, je pense qu'il est bien difficile de choisir entre les deux modèles.

XVI
Un regard nostalgique vers le grand large

J'ai jusqu'ici souvent parlé de la serpentinisation des péridotites, sans la replacer dans son contexte océanique. J'y viens maintenant. Depuis la découverte dans les années 70 des « fumeurs » sous-marins à proximité du sommet des dorsales, on sait qu'à l'axe d'accrétion océanique l'eau de mer pénètre à la faveur de fractures dans la couche superficielle de la croûte néoformée, se réchauffe au contact de l'encaissant, lui-même encore chaud, devient chimiquement très active et altère les roches qu'elles traversent en leur soustrayant une partie de leur substance. Les produits de la réaction, d'abord en solution dans l'eau « souterraine » échauffée, précipitent aux bouches des sources hydrothermales par suite de la brutale chute de température et de pression qui se produit alors sur le fond marin.

Les célèbres fumeurs blancs ou noirs sont donc des résurgences de l'eau de mer après son voyage dans les terrains tout récemment mis en place par l'accrétion océanique ; ils « visualisent » un phénomène qui enrichit le milieu marin en sels minéraux, dont certains permettent la chimiosynthèse et la vie loin de la lumière du soleil. Là s'établissent des « oasis » où l'activité biologique est particulièrement exubérante. Tout le monde a vu dans des livres ou à la télévision des images de ces lieux sous-marins peuplés d'animaux étranges, où les scientifiques cherchent parfois le berceau de la vie sur notre planète.

Inversement, en donnant à la mer les sels minéraux que les circulations hydrothermales leur arrachent, les péridotites affectées s'appauvrissent, s'hydratent, s'allègent et se transforment en serpentinites. Leur densité diminue, et avec elle la vitesse des ondes sismiques qui les traversent. Ainsi décroit du haut vers le bas leur transformation, de plus en plus discrète à mesure que s'éloigne la source en eau, c'est-à-dire le plancher océanique. Je le redis : sous l'océan, le Moho n'est pas toujours la limite entre les formations volcaniques ou magmatiques de la croûte et les péridotites du manteau, comme on l'enseignait classiquement dans les années 80, mais peut aussi se situer à la frontière entre les péridotites « fraîches » (inaltérées), et celles qui ont subi un « métamorphisme » hydrothermal (serpentinites). On a lu que la même frontière s'observe sous la partie la plus amincie des marges passives (*cf.* fig. 25).

Ayant compris comment la croûte de la marge profonde s'est tardivement épaissie par « incrustation » de serpentinite sous l'horizon S (« undercrusting » dans notre jargon ; à ne pas confondre avec l' « underplating » de gabbros sous les rifts, précédemment décrit), j'ai cherché à généraliser le concept à l'océan ouvert. J'y ai été encouragé par l'observation, dans la croûte océanique proche de la marge ibérique, de puissants réflecteurs faiblement inclinés vers le continent, tout à fait semblables à l'horizon S. Il se pourrait donc que des failles de détachement multiples exhument localement sur le fond marin des péridotites mantelliques, permettant ainsi leur altération par l'eau de mer, et, par conséquent, la formation de « croûte » constituée, en partie ou en totalité, de serpentinite. L'agrandissement de l'océan résultant de la divergence des plaques serait ainsi compensé par le mouvement de ces failles, à la façon de notre détachement galicien compensant l'extension horizontale du rift. Voilà comment nos études sur la marge ont pu conduire à une réflexion sur le mécanisme de l'accrétion océanique à l'axe de certaines dorsales.

Encore faut-il préciser lesquelles. Les dorsales océaniques où se créent de nouvelles surfaces lithosphériques sont classiquement rangées en deux catégories, selon que l'écartement des plaques est lent (< 5 cm/an) ou rapide (jusqu'à 10 et même 15 cm/an). Rapide, il provoque la remontée, elle aussi rapide des péridotites asthénosphériques vers la surface (du moins à l'échelle des temps géologiques, tout au plus quelques cm par an). Il s'ensuit une chute de pression sans grande diminution de température. La roche subit alors une importante fusion partielle, dont les produits s'épanchent et se solidifient en surface en créant une croûte de nature volcanique. Tel était le modèle de l'accrétion océanique enseigné dans les années 70 et 80, celles qui ont suivi l'élaboration de la tectonique des plaques. Un modèle qui reste valable dans le cas des dorsales rapides, mais qui a perdu aujourd'hui une partie de sa pertinence dans celui des dorsales lentes.

En effet, si l'écartement des plaques est lent ou très lent, les péridotites de l'asthénosphère ont le temps de se refroidir quelque peu pendant leur remontée vers la surface. Leur fusion partielle est alors ralentie, et la masse des produits magmatiques, épanchée ou non en surface, est diminuée d'autant. Toujours dans le cas des dorsales lentes, on doit aussi imaginer que la partie superficielle de l'asthénosphère se refroidit au point de prendre, à l'approche du plancher océanique froid, les propriétés mécaniques de la lithosphère (celles d'un solide rigide). Dans ce cas, un « pont » lithosphérique persiste entre les plaques divergentes, qui doit constamment être rompu et reconstruit pour compenser leur lent écartement. Des failles de détachement enracinées dans l'asthénosphère sous-jacente sont de bonnes candidates pour accomplir cette tâche, toujours à la façon d'un paquet de carte qu'on étale sur une table. Inversement, la mise en évidence de failles de détachement fossiles dans la croûte générée par des dorsales lentes validerait sans ambiguïté le scénario précédent. Il y avait là une piste de recherche où j'aurais aimé m'engager. Mais, dans les années 90, le temps limité qui me restait à passer au service de la géologie ne me permettait plus d'étendre ma quête au-delà de mon jardin familier. Heureusement d'autres équipes ont pris le relai, et ont depuis exploré cette piste avec succès.

Une autre donnée un peu mystérieuse doit aussi être prise en compte dans une interprétation cohérente de la lithosphère océanique créés par une dorsale lente[8] : l'épaisseur de la croûte (toujours dans la définition géophysique, à quoi je m'oblige désormais), y reste remarquablement constante (7 km, malgré quelques exceptions dues à du volcanisme local). La seule contribution du magmatisme explique mal une telle régularité dans l'épaisseur. Plus probablement, de la serpentinite entre aussi dans sa composition[9]. Dès lors, on doit supposer que 7 km sous le plancher océanique est la profondeur la plus grande où la serpentinisation peut se produire à l'axe d'une telle dorsale.

Cette frontière est-elle de nature hydrologiques (la profondeur maximale de circulation hydrothermale) ou thermique (la température au delà de laquelle la réaction péridotite-serpentinite n'est plus possible) ?

J'ai longtemps pensé et écrit que cette profondeur magique de 7 km était celle au-delà de laquelle l'eau de mer ne peut plus pénétrer dans la lithosphère, ce qui, par conséquent, met les péridotites les plus enfouies à l'abri de l'altération hydrothermale. Le Moho (la transition entre péridotite inaltérée et serpentinite) m'apparaissait alors comme une ancienne frontière *hydrologique*. J'imaginais aussi que la marge est soumise à la même règle : le rift en fin d'évolution étant supposé dans un état thermique comparable à celui d'une dorsale lente, la circulation hydrothermale peut atteindre les péridotites et les altérer sous le rift, là où l'épaisseur de la croûte continentale est devenue inférieure à 7 km. Le Moho s'approfondit alors par incrustation de serpentinite sous cette croûte continentale étirée jusqu'à retrouver la même profondeur que dans un océan (*cf.* fig. 25).

J'ai enseigné tout cela jusqu'au jour où un collègue (Thierry Juteau), qui m'avait écouté dans l'amphithéâtre où

8. L'Océan Atlantique fait partie de cette catégorie (vitesse d'écartement des plaques <5 cm/an), du moins en dehors des « points chauds » où une forte production de magmas épaissit localement la croûte par l'accumulation de produits volcaniques à la surface de la lithosphère (cas de l'Islande).
9. La contribution de serpentinite à la formation de croûte océanique avait été proposée dès les années soixante par des chercheurs américains, sans convaincre à une époque où l'hydrothermalisme océanique n'était pas connu.

je développais ces idées, m'a opposé une autre interprétation : « *La pétrologie expérimentale a montré que la réaction péridotite-serpentinite n'est pas seulement soumise à la présence d'eau, mais dépend aussi de la température. Au-dessus de 400-500° C, la réaction n'est plus possible, même en présence d'eau. Si l'on garde ton hypothèse, l'épaisseur constante de la croûte générée par la transformation hydrothermale des péridotites sous les dorsales lentes doit plutôt s'interpréter en faisant appel au « gradient géothermique » naturel, qui place, à l'axe de telles dorsales, l'isotherme 400-500° C à 7 km de profondeur* ».

Ma limite hydrologique est donc en fait une ancienne limite *thermique*. Ce qui ne change évidemment rien à l'interprétation géologique de la marge, mais explique beaucoup mieux la planéité du Moho dans les océans créés par une dorsale lente : il s'agit d'une ancienne surface isotherme héritée des conditions thermiques régnant à l'axe de cette dorsale quelques millions ou dizaines de millions d'années auparavant.

Voilà un exemple de progrès scientifique dû à un échange d'expérience et de compétence entre scientifiques de cultures différentes. Il m'est arrivé plusieurs fois au cours de ma carrière que le public d'une conférence, ou même des étudiants écoutant un cours, aient contribué à ma réflexion en me posant une question de bon sens et en m'ouvrant ainsi une perspective nouvelle à laquelle je n'avais pas pensé. La science est une création collective, où il est bien difficile d'identifier les contributions individuelles dans l'élaboration des idées.

Quoi qu'il en soit, ces premières incursions dans l'océan ouvert furent aussi pour moi les dernières. J'étais entré dans un espace qui n'était pas le mien ; j'avais seulement jeté quelques bouteilles à la mer. L'une au moins de ces bouteilles fut cependant repêchée, je l'ai dit : on sait aujourd'hui que l'écartement des plaques à l'axe des dorsales lentes est compensé au moins en partie par le jeu de failles de détachement pouvant exhumer le manteau selon le même mécanisme que celui que nous avons reconstitué en bordure de la marge galicienne.

XVII
À la poursuite des granulites

Les chemins pris par l'esprit d'un chercheur n'aboutissent pas toujours à l'établissement immédiat de la vérité scientifique. Il arrive qu'il erre longtemps sans trouver d'issue aux impasses dans lesquelles il s'est engagé, faute d'un bon modèle de pensée ou de données probantes. Notre recherche de la source des granulites trouvées en cailloux émoussés dispersés sur les marges atlantique que nous explorions au large de l'Ibérie en est un bon exemple.

Récemment, Raymond Capdevila, qui fut autrefois étroitement associé à l'exploitation des échantillons du socle ante-mésozoïque prélevés lors de nos campagne en mer, m'a rappelé la longue quête sur l'origine et la signification de ces cailloux très particuliers recueillis aussi bien sur la marge du Nord et du Nord-Ouest de l'Espagne que sur celle de l'Armorique lui faisant face. Je n'ai participé à cette recherche qu'en tant qu'organisateur de missions en mer et pourvoyeur d'échantillons, faute de compétences sur le sujet. Toutefois j'en ai vécu « à distance » les rebondissements, j'ai partagé les hésitations et suivi les aller et les retours des spécialistes confrontés à une énigme géologique qui n'est pas encore résolue.

L'histoire commence au début des années 70. Récemment nommé à l'Université de Rennes, j'avais demandé à l'administration de l'Office Scientifique et Technique des

Pêches maritimes (OSTPM, maintenant réuni à l'IFREMER) de conserver les échantillons géologiques que ses navires prélevaient involontairement pendant leurs explorations des fonds de pêche dans les eaux atlantiques. Je me souvenais encore de mon passage au laboratoire de Roscoff, et du regret de voir mes collègues biologistes rejeter à la mer après un dragage sur le fond marin tout ce qui n'était pas de leur ressort, et je soupçonnais des mêmes pratiques les scientifiques de l'OSTPM. Les campagnes de l'Office pouvaient cependant m'apporter les précieux indices géologiques dont j'avais besoin au moment d'orienter les recherches du laboratoire que je fondais alors.

C'est ainsi que je reçus un jour une grosse caisse de cailloux plus ou moins émoussés prélevés sur le « Banc Le Danois », le haut fond situé au large des Asturies, dont j'ai souvent parlé (*cf.* Fig. 9). J'ai remercié l'Office pour son envoi, sans lui faire part de ma déception quand j'ai ouvert sa caisse : j'espérais des échantillons présentant des cassures fraîches et provenant d'affleurements de terrains « en place », tandis que les cailloux émoussés qui m'étaient adressés ne pouvaient que susciter le doute sur leur origine. De plus, ils étaient faits de roches appartenant au « socle » ante-Mésozoïque de l'Espagne, alors que je recherchais plutôt, à cette époque, les témoignages de l'histoire du Golfe de Gascogne enregistrés dans les terrains sédimentaires mésozoïques et cénozoïques.

Ne serait-ce que par respect pour ceux qui avaient pris la peine de répondre à ma demande, j'ai cependant proposé à des collègues plus familiers que moi de cette sorte de roches d'en faire une étude rapide. La plupart des échantillons provenaient très naturellement des terrains anciens de la péninsule ibérique, bien connu des géologues rennais par leurs études de terrain en Espagne ; mais environ 10 % leurs semblaient étrangers, et suscitaient leur curiosité. « Extraordinaires tes cailloux, me félicita l'un d'eux (Bernard Auvray). Je n'ai jamais vu de granulites aussi belles et aussi bien conservées. Je m'en sers pour les travaux pratiques devant mes étudiants ; d'où viennent-elles ? ». Une question naïve, qui se pose encore aujourd'hui.

Souvent très anciennes, originaires de la croûte continentale inférieure, les granulites sont des roches « granoblastiques », faites entièrement de minéraux cristallisés sans orientation privilégiée et de taille comparable ; elles sont rares à l'affleurement, et intéressaient beaucoup les géologues de l'Institut où je venais d'entrer. Malheureusement, la provenance de ce que je leur montrais posait problème. Les terrains affleurant sur le continent à proximité du Banc n'exposant aucun affleurement de même nature, les échantillons récoltés en mer semblaient écarter une origine locale. Alors ? Cailloutis transportés depuis des gisements situés au Nord de l'Europe par des glaces flottantes lors de la dernière débâcle glaciaire ? Chargement d'anciens navires de commerce venus « à vide » embarquer des marchandises dans les ports espagnols et se débarrassant de leur lest à l'approche des côtes ? Devant tant d'incertitudes, nos granulites risquaient d'en rester à leur rôle pédagogique dans les salles de travaux pratiques de l'Université rennaise.

Pourtant, leur intérêt s'accrut encore quand Raymond Capdevila et Philippe Vidal en firent en 1975 une analyse pétrologique et géochronologique, montrant qu'elles étaient âgées d'au moins 2 milliards d'années (Ga), c'est-à-dire protérozoïques (on dit aussi précambriennes). Aucun terrain de cet âge n'était connu à l'affleurement dans les Asturies voisines.

Devant un résultat aussi surprenant, il devenait urgent d'entreprendre de nouvelles recherches en mer pour tenter de trouver la source de nos cailloux. Les granulites manifestement posaient un problème dont je n'avais d'abord pas soupçonné l'importance faute d'une culture géologique suffisante dans ce domaine. Pour prendre conscience que j'avais bien innocemment levé un gros lièvre, il me fallait une immersion dans ma nouvelle communauté, tournée vers les temps géologiques anciens et les niveaux structuraux profonds de la croûte continentale, auxquels je n'avais pas porté grande attention auparavant.

Une remarque au passage : voici un exemple des bienfaits de la mobilité pour un chercheur, obligé de s'adapter et d'apprendre en changeant de milieu. À Paris où j'avais été formé, on s'intéressait assez peu à l'histoire géologique paléozoïque et protérozoïque, du moins dans les laboratoires que je fréquentais, tournés de préférence vers l'histoire mésozoïque et cénozoïque de la chaîne alpine et de ses dépendances.

Je reviens à mon récit. En 1977, l'affaire prit une ampleur nouvelle quand des collègues brestois à leur tour prélevèrent par dragage, toujours en cailloux émoussés, les mêmes granulites au pied de l'« Éperon de Goban », une avancée de la marge armoricaine (cet « éperon » est localisé sur la couverture de ce livre). La marge armoricaine était jointe à la marge ibérique avant l'ouverture du Golfe de Gascogne, de sorte que la même source peut être à l'origine des deux gisements aujourd'hui séparés par un espace océanique. Pour découvrir leur origine éventuellement commune, il fallait par conséquent échantillonner le socle continental des deux régions là où il affleure localement, c'est-à-dire sur la pente continentale. L'éperon de Goban appartenait au « territoire de chasse » de l'équipe brestoise de l'IFREMER, et nous n'y sommes pas allés. Aujourd'hui, je le regrette.

Premier retour en 1977 vers le Banc Le Danois, donc, pour entreprendre une série de dragages sur son versant océanique. Échec complet. Pas un seul échantillon de granulite ne fut prélevé, en contraste avec leur abondance dans le dragage du navire de l'OSTPM. On imagine notre déception et celle de Philippe Vidal, embarqué avec nous pour assister à la récolte. Où était l'erreur ?

La réponse nous fut apportée en 1979 quand nos mystérieuses granulites furent enfin retrouvées lors d'une mission de plongées à bord de la « Cyana », le petit sous-marin du CNEXO dont j'ai déjà parlé (chapitre IX). Je laisse R. Capdevila exprimer son enthousiasme :

« *Je me souviendrai toujours de l'intense joie que j'ai éprouvée au cours de ma première plongée en reconnaissant (j'en étais sûr) des boules de granulite qui, à travers le hublot de Cyana, me parurent énormes. Las ! Les granulites n'étaient pas en place, mais intégrées dans un conglomérat d'âge Crétacé inférieur* » (115 Ma).

Pourquoi « hélas » ? L'objectif principal de la campagne, était de prélever des échantillons de roches sédimentaires, toujours afin de reconstituer l'histoire de l'ouverture du Golfe de Gascogne. L'année précédente, nous avions recueilli par carottage au sommet du Banc, à 500 m de profondeur, le plus ancien témoin de l'invasion marine annonçant cette ouverture (le calcaire âgé de 140-145 Ma dont j'ai plusieurs fois fait état). La découverte justifiait un retour sur zone, dans le but d'étendre la prospection à la couverture sédimentaire mésozoïque tout entière ; mais nous espérions aussi profiter de l'occasion pour découvrir enfin dans le socle des sédiments la source des cailloux de granulite. Les deux objectifs ont donc été atteints simultanément quand fut rencontré par les passagers de Cyana le conglomérat contenant les roches recherchées, reposant sur des terrains marneux riches en microfossiles datés d'environ 115 Ma.

Les forages scientifiques sur les marges aquitaine et ibérique montreront plus tard que cet âge est celui de la fin du rifting, juste avant la naissance de la partie océanique du Golfe de Gascogne. Le moment coïncide donc avec celui de l'amincissement ultime et la rupture de la coûte continentale du rift séparant l'Ibérie de l'Armorique, et, pensions-nous, probablement aussi avec la mise à jour des granulites. C'est en tout cas dans le conglomérat aperçu et échantillonné depuis le hublot du submersible que les « galets » de ces roches sont logés. La source des cailloux rapportés autrefois par le navire de l'OSTPM était donc dans une formation sédimentaire (le conglomérat), dont le site d'affleurement sur le fond marin avait probablement été parcouru par la drague de l'Office des Pêches. Un petit pas dans la solution du problème, donc : l'hypothèse d'une allochtonie des échantillons, apportés par des glaces flottantes ou des navires, pouvait désormais être écartée. Il fallait maintenant rechercher la « patrie » des granulites dans le socle des marges se faisant face de part et d'autre du Golfe de Gascogne, puisque celui-ci n'était pas encore tout à fait ouvert au moment de la formation du conglomérat.

Jusqu'ici, je n'ai décrit que la chasse aux granulites et la recherche de leur source dans un affleurement superficiel. Cependant elles alimentaient aussi spéculations et débats entre nous à propos des mécanismes de leur extraction depuis la croûte profonde dont elles sont en principe originaires. Je raconte la suite de nos interprétations successives à l'intention de mes lecteurs géologues.

Dans les années 70, nous avons d'abord considéré les granulites comme des « marqueurs » de la zone nord-pyrénéenne, où affleurent des roches de même nature que celles récoltées en mer. Ce type de terrains prenait ainsi place dans notre argumentaire quand nous faisions du versant Nord des Pyrénées émergées et de la marge nord-espagnole un seul et même ensemble structural (*cf.* Chapitre VII). Jusqu'au jour où il fut établi que leurs âges sont très différents dans les deux segments de la chaîne : 2 Ga (milliards d'années) pour les granulites offshore ; entre 320 et 280 Ma (millions d'années) pour les mêmes roches affleurant dans les Pyrénées émergées. Alors, encore une fausse piste ?
R. Capdevila surmonte aujourd'hui la contradiction en liant l'âge des granulites à leur situation dans la chaîne hercynienne au Nord de l'Ibérie. La région à laquelle appartient le Banc Le Danois n'a pas subi d'épisode tectonique et thermique important au Paléozoïque, et a donc pu conserver la mémoire de son histoire ancienne. Au contraire, les Pyrénées émergées d'aujourd'hui recoupent le cœur de l'ancienne chaîne (sa « zone interne »), soumis au Paléozoïque à des pressions et des températures très élevées. De telles conditions ont forcément effacé la mémoire ancienne des roches, en donnant naissance en profondeur à de nouvelles granulites beaucoup plus récentes que celles conservées dans les régions où les effets tectoniques et thermiques de l'événement hercynien étaient moindres (les « zones

externes » de la chaîne). Nous soupçonnions déjà à cette époque (fin des années 70) que la mise à jour de roches générées en profondeur était une conséquence de l'amincissement de la croûte continentale pendant le rifting mésozoïque qui a précédé l'ouverture du Golfe de Gascogne et de ses anciennes dépendances orientales à l'emplacement des Pyrénées actuelles. Que ces roches soient d'âges différents selon les portions du rift n'est plus une objection à l'hypothèse. Nous voilà ainsi ramenés à notre sujet d'étude.

Cependant, nous étions loin d'en avoir fini avec notre jeu de piste. Une seconde campagne de plongées à bord de Cyana, en 1982, n'eut pas autant de succès que la première. En nous décalant vers l'Ouest, sur le « Promontoire (ou Éperon) Ortégal » (localisé sur la Fig. 9), nous espérions toujours trouver l'affleurement des granulites, même si, comme la précédente, la nouvelle mission n'avait pas à son programme ce seul objectif. En fait, de nouveaux cailloux de la roche mystérieuse ont bien été recueillis, mais dispersés sur la pente continentale[10]. Mêmes observations en 1986 et 1995 sur les pentes du Banc de Galice, où les plongées du Nautile permirent à leur tour de recueillir d'autres fragments des mêmes roches, dénommées « pierres volantes » en raison de leur origine mystérieuse, et datées elles aussi du Protérozoïque par Véronique Gardien et ses co-auteurs. Les granulites dispersées sur les marges atlantiques espagnole et armoricaine ne sont donc pas des particularités locales. Leur large répartition confirmait leur valeur de « marqueurs » des rifts et des marges continentales passives, ce qui augmentait encore leur intérêt à nos yeux. Il fallait reprendre la réflexion, en se référant cette fois au nouveau modèle de rifting établi entre temps (1986 ; chapitre XIII). Nous devions pour cela tenir compte de l'état des connaissances sur nos fuyantes granulites à la fin des années 80, que R. Capdevila résume ainsi :

10. L'un des échantillons cependant semblait avoir été prélevé « en place » sur un affleurement rocheux. Mais un doute nous a toujours empêchés de crier victoire, le travail sous la mer à partir d'un minuscule sous-marin, dans une eau parfois trouble, ne garantissant pas la certitude d'une observation restée unique.

« *Les protolithes* (les roches initiales) *des granulites offshore sont d'âge archéen (2.7 Ga) d'après les zircons. Ils ont été métamorphisés* (en quelque sorte recuits) *dans le faciès granulite au protérozoïque inférieur, il y a 1.9 Ga d'après les monazites (...). Des indices d'une reprise tectonique vers 700 Ma ont aussi été observés » (...).* Zircons et Monazites sont des minéraux constitutifs de la roche. Ils sont plus ou moins sensibles aux variations thermiques subies dans leur passé géologique, « réinitialisant » leur chronomètre géologique à des températures différentes.

Un détachement lithosphérique peut-il être le moteur de la mise en place de ces granulites sur le fond marin ? On se souvient que le mélange tectonique situé au sommet de la zone déformée par la faille de détachement galicienne contient à la fois des fragments de serpentinite et des débris plus ou moins émoussés de granite appartenant au socle hercynien local. Nous avons donc pensé que les « pierres volantes » granulitiques éparses sur le fond marin avoisinant provenaient de cette brèche tectonique, puisque le socle à l'affleurement alentour est d'une tout autre nature. D'où l'hypothèse proposée en 1996, après la seconde campagne de plongées en Nautile : le détachement, en même temps qu'il provoquait l'exhumation des péridotites du manteau, a « raboté » des terrains appartenant à la base de la croûte continentale du compartiment lithosphérique supérieur, et a porté en surface les « copeaux » ainsi arrachés en profondeur (nos « pierres volantes »). La forme arrondie des échantillons ? Inutile d'en rechercher la cause dans un improbable transport superficiel postérieur à leur mise à jour. Les éléments de la brèche tectonique associée au détachement présentent aussi des formes émoussées (*cf.* fig. 30). Les « galets » et autres pierres volantes aux angles arrondis, aujourd'hui dispersées sur le fond marin, ont pu être « préformés » par abrasement ou par « boudinage » dans le détachement.

À la fin des années 90, cette première interprétation a cependant dû être retouchée : de nouvelles données ont en effet montré que nos granulites ne proviennent pas de la croûte continentale inférieure actuelle comme nous le pensions, mais de la croûte supérieure, où elles ont été incorporées dès la fin du Paléozoïque. Par quel phénomène tectonique ? Un premier détachement aurai-il joué au moment de l'effondrement de la chaîne hercynienne, dont celui que nous avons étudié serait le lointain héritier ?

Notre hypothèse initiale prévoyait en effet un refroidissement en cours de rifting (140-115 Ma) et à partir de la croûte inférieure chaude (de l'ordre de 750° C). L'histoire thermique des zircons inclus dans les granulites, décryptée par Bernhard Fügenschuh à l'aide de la méthode des traces de fission, a montré au contraire que ces roches se sont refroidies il y a environ 300 Ma (au Paléozoïque supérieur) en dessous de 250° C (une température qui règne dans la croûte supérieure à moins de 10 km de profondeur). Un résultat d'ailleurs en accord avec nos propres études résumées sur la coupe de la fig. 25, où c'est la croûte supérieure qui surmonte le détachement sous la partie profonde de la marge.

La rectification toutefois ne change pas fondamentalement l'hypothèse de départ (le « rabotage » de la croûte continentale par le détachement). En revanche, une autre objection est plus difficile à surmonter : tous les échantillons prélevés en mer ont le même âge protérozoïque ; est-ce à dire que la croûte continentale aux lieux de leur récolte a partout été épargnée par le paroxysme hercynien ?

Tel est bien le cas du le Banc Le Danois, je le rappelle, ainsi que de l'éperon de Goban, situés l'un et l'autre dans une région de la chaîne hercynienne peu affectée par le métamorphisme paléozoïque (ses « zones externes »). En revanche, les échantillons de granulites prélevés sur l'Éperon Ortégal et sur le Banc de Galice, pourtant eux aussi d'âge protérozoïques, paraissent étrangers au socle des régions émergées voisines, appartenant l'une comme l'autre à des « zones interne » de la chaîne rajeunies au Paléozoïque. Faut-il dans ces deux cas réviser la carte de la chaîne hercynienne en séparant le socle de la marge de celui du continent adjacent, et placer les bancs marginaux en zone hercynienne externe ? Ou bien doit-on admettre l'allochtonie de nos échantillons, transportés depuis le Banc Le Danois ou l'éperon de Goban par un phénomène de surface (à l'air libre au temps du rifting, ou sous la mer après la rupture continentale) ? La première hypothèse implique un bouleversement des idées généralement admises sur la répartition spatiale des zones hercyniennes (encore que l'appartenance du Banc de Galice à une zone de la chaîne plutôt qu'à une autre fasse encore l'objet de discussions entre spécialistes). La seconde hypothèse (l'allochtonie) écarte la responsabilité du détachement galicien dans la mise en place des « pierres volantes » granulitiques récoltées sur place, c'est-à-dire le fondement de notre interprétation de 1996. Quant au Promontoire Ortégal, il semble encore plus mal aisé de le détacher du cap éponyme où le socle a été rajeuni au Paléozoïque ; et cependant il a fourni lui aussi des échantillons de granulites protérozoïques. Devant tant d'incertitude et de contradictions, il me parait difficile de conclure sans nouvelles recherches.

Il nous faut donc revenir aux fondamentaux. Si l'on écarte les régions suspectées d'avoir accueilli les cailloux granulitiques sans les produire, l'Éperon de Goban et surtout le Banc Le Danois sont les seules sources potentielles indiscutables pour nos échantillons. C'est là en effet que les « blocs » de granulites sont les plus nombreux et les mieux situés dans la stratigraphie. En 2003, toujours par la méthode des traces de fission, B. Fûgenschuh a détecté, au moins dans un échantillon prélevé sur le Banc Le Danois, les traces de l'événement pyrénéen (*cf.* chapitre IX) : la roche a subi un échauffement de 90°C environ il y a 50 Ma, c'est-à-dire au moment où la lithosphère européenne était en voie de subduction sous l'Ibérie. La marge nord-espagnole étant la seule à avoir pu enregistrer un tel « coup de chaud », l'origine locale de l'échantillon est garantie. Autre indice allant dans le même sens : des galets de granulite ont été recueillis par un chercheur espagnol sur une plage asturienne dans les années 80. La source n'est donc pas loin.

L'hypothèse de l'extraction des granulites par le détachement galicien étant provisoirement écartée, l'idée initiale peut quand même être conservée et s'appliquer ailleurs, faute d'une autre explication plus plausible. On doit donc rechercher les traces de détachements dans les deux régions qui restent candidates à avoir alimenté la source de nos granulites. Au Sud Est de l'Éperon de Goban, le détachement armoricain est démontré par son image sismique (l'horizon S). Il reste donc à en découvrir un autre au Nord de l'Espagne.

À moins de réviser la carte classique des différentes zones de la chaîne hercynienne, nous voilà donc revenus pratiquement à la case départ de notre jeu de l'Oie (le Banc Le Danois et l'Éperon de Goban), après 30 ans de recherche intermittente (1970-2000). Les cailloux laissés derrière lui par un Petit Poucet farceur n'ont pas permis de découvrir avec certitude le lieu de sa cachette dans la croûte continentale actuelle. Faut-il regretter et s'attrister que tant d'efforts n'aient pas été mieux récompensés ?

Je ne le pense pas.

Tout d'abord, les spécialistes du Gondwana, le supercontinent qui occupait avant le Paléozoïque un vaste espace à la surface de la Terre, ont trouvé dans l'histoire de nos granulites des arguments déterminants pour lui rattacher le soubassement de l'Europe hercynienne[11]. Bien qu'éloignée de nos préoccupations ordinaires, cette contribution à la géologie du passé est de grande importance.

Ensuite il n'est pas sûr que la chasse aux granulites n'ait pas enrichi nos réflexions sur la formation des marges continentales passives. Certes, les cailloux granulitiques trouvés sur le Banc de Galice ou sur les autres bancs marginaux de la région ne proviennent pas directement de la croûte continentale inférieure actuelle ; certes la proximité entre leurs sources et les lieux où ils ont été prélevés peut-être discutée. Mais leur origine est quand même profonde, sinon on en connaîtrait des affleurements sur le continent voisin ou sur sa marge. Je ne

11. Selon R. Capdevila, « les âges de 2,7, 1,9 et 0,7, Ga révélés par l'analyse des granulites sont typiques du Gondwana, alors que les anciens « boucliers » protérozoïques Laurentia et Baltica sont caractérisés par des âges allant de 1,4 à 1,0 Ga et par l'absence d'événements à 700 Ma ».

vois donc pas d'autre processus géologique que le mouvement de failles de détachement pour atteindre et échantillonner leur gisement initial. L'érosion des « épaules » du rift n'amincit la croûte que de quelques kilomètres, tout au plus ; et de toute façon, je le répète, si leur mise à jour avait résulté de l'érosion superficielle, on en connaîtrait à terre ou sous la mer les roches mères à l'affleurement. À moins que ces affleurements aient échappé aux recherches, ce qui reste possible, les granulites associées aux marges nord-occidentales de l'Ibérie renforcent l'idée selon laquelle les rifts continentaux résultent du mouvement de failles de détachement d'échelle lithosphérique.

Il reste que ce chapitre comporte beaucoup de questions sans réponse. Le récit de notre longue poursuite des granulites n'est assurément pas achevé. Mais je n'en connaîtrai probablement pas la fin…

XVIII
De la mer à la montagne

Sans avoir été moi-même un géologue de terrain, j'ai toujours eu à cœur de suivre mes collègues sur leurs secteurs de travail pour me faire expliquer ce qu'ils avaient observé et ce qu'ils avaient déduit de leurs observations. Les « excursions » géologiques, en groupes ou en petit comité, m'ont donné l'occasion de précieux transferts de connaissance et d'échanges, dans le sens mer-montagne ou montagne-mer. Je suis allé plusieurs fois au Maroc, en Espagne, en Grèce, très souvent dans les Alpes franco-italiennes et même au Ladakh, dans l'Himalaya, pour m'instruire, et surtout pour « toucher » ce qui n'est le plus souvent montré qu'en images sous la mer : images de la forme du fond produites par le sondage multifaisceaux ; images de la structure superficielle dessinées par la sismique réflexion ; enfin, détection des terrains enfouis par la « sismique grand-angle » (la sismique réfraction) et les mesures magnétiques ou gravimétriques, encore plus éloignés de l'observation directe. Les géologues marins et leurs collègues « continentaux » travaillent à des échelles très différentes, si l'on excepte l'exploration à bord des submersibles de recherche qui permet la vue et l'échantillonnage directs des affleurements géologiques.

Des expériences aussi contrastée dans l'étude des mêmes objets exigent un décloisonnement complet entre nos spécialités, je l'ai souvent plaidé. Les laboratoires que j'ai animés ont toujours compté dans leurs rangs des géologues de terrains, particulièrement sollicités en cas de campagne de plongées en submersibles, mais qui avaient aussi pour mission d'étudier à terre, dans les chaînes plissées, les marges continentales que les autres membres du laboratoire exploraient en mer. Je n'oublie pas non plus ce que je dois à leurs aînés dans ma formation initiale à l'Université : il m'est difficile de démêler ce qui vient d'eux ou des océanologues dans les idées qui ont guidé mon action ou qui en sont le fruit.

Il m'est plus facile de donner quelques exemples de transfert de savoir et d'expérience dans le sens mer-montagne. On se souvient d'une application aux Alpes des premiers résultats de l'étude des marges du golfe de Gascogne et de leur prolongement dans les Pyrénées émergées. La place des blocs basculés dans leur architecture, dont le Banc Danois nous avait donné un premier exemple en 1971 (*cf.* fig. 9), a inspiré Marcel Lemoine et ses collaborateurs dans l'interprétation des massifs cristallins externes des Alpes franco-italiennes, où ils ont reconnu les mêmes blocs plus ou moins « inversés » lors de la formation de la chaîne. Après quelques années de débat, l'idée que les Alpes résultent du serrage d'anciennes marges continentales entre plaques convergentes, et que de nombreuses structures qui s'observent aujourd'hui dans la chaîne sont héritées de celles du rift initial reprises et inversées, était alors admise par la plupart des géologues. Après le temps des réticences initiales, la théorie de la tectonique des plaques et ses implications faisaient désormais partie du corpus scientifique de notre discipline.

Lorsque nous avons montré le rôle des failles de détachement dans le rifting et l'ouverture océanique, Marcel Lemoine, qui entre-temps avait rejoint notre laboratoire à Villefranche, a tout de suite vu l'intérêt d'appliquer le concept à la chaîne qui lui était familière. Il connaissait dans les montagnes du Queyras d'anciens fonds sous-marins constitués de serpentinites.

Les terrains prélevés sur la colline 5100 lui en donnaient un exemple actuel. Quant aux failles de détachement à l'origine de la mise à nu de terrains issus du manteau, elles pouvaient être inversées aussi bien que les failles normales séparant les blocs basculés. On le sait aujourd'hui, beaucoup de structures tenues autrefois pour des charriages cénozoïques sont en réalité d'anciens détachements mésozoïques plus ou moins remobilisés au moment de la collision des plaques européenne et africaine. Publiés en 1986, les deux articles où sont développées ces idées comptent aujourd'hui parmi les plus cités de la littérature scientifique alpine. Pour la seconde fois, le progrès des connaissances sur les marges ibériques obligeait à porter sur les Alpes un nouveau regard et à réviser profondément leur interprétation.

Inversement, l'histoire de la Téthys m'a aidé à situer dans le temps la naissance de la Méditerranée occidentale actuelle, ce bassin marginal ouvert tardivement dans l'arc alpin. Lorsque, en 1978, je me suis installé à Villefranche, j'ai dû regarder de ce côté-là aussi, ne serait-ce que pour assumer mon rôle dans le nouvel environnement régional où je me trouvais désormais plongé.

Travaillant alors à l'Observatoire depuis plusieurs années déjà, Jean-Pierre Réhault avait en mains la plupart des données géologiques et géophysiques nécessaires à l'élaboration de sa thèse d'État, qui portait sur l'évolution géologique du Bassin Ligure, cette partie de la Méditerranée occidentale faisant face à notre laboratoire. Mais il peinait à les mettre en perspective dans son mémoire. Pendant plusieurs mois nous avons travaillé ensemble, avant la soutenance de sa thèse mais aussi après, quand il s'est agi d'en publier les résultats. Les articles qu'il a signés, où mon nom est en dernière position comme celui du promoteur de son travail, de nouveau comptent parmi les plus cités de la littérature géologique méditerranéenne.

On se souvient aussi que j'avais convié en 1995 Niko Froitzheim, autre géologue alpin, à participer à la seconde campagne de plongées du Nautile. Mon collègue a voulu me rendre mon invitation en me faisant visiter en Suisse une coupe géologique particulièrement démonstrative. J'ai ainsi pu contempler en 1996 dans le paysage helvétique (région de Tasna) un vaste contact anormal horizontal portant des « klippes » de terrains allochtones transportées sur de longues distances depuis leur « patrie » originelle. Ce contact était depuis sa découverte décrit comme un spectaculaire charriage d'âge cénozoïque. Mon hôte me montra qu'il s'agissait en fait d'un détachement mésozoïque à peine déformé par la tectonique alpine. Sous le contact anormal, il me fit toucher des péridotites serpentinisées. Nous revisitions ensemble la marge galicienne à 3000 m d'altitude !

Fig. 30. La brèche tectonique située au sommet de la faille de détachement galicienne (*cf.* fig. 27).

Fig. 31. Affleurement d'ophicalcite dans les Alpes du Queyras.

Un an plus tôt, ensemble nous avions mis en évidence en mer les gabbros broyés dans la faille de détachement galicienne. Je me souviens que N. Froitzheim et les étudiants qui nous accompagnaient en Suisse ont voulu pousser encore plus loin l'analogie entre la marge actuelle et celle de la Téthys, dont les marges sont reconnaissables dans la chaîne alpine. Le jour même où nous visitions le site, ils ont entrepris de rechercher dans les serpentinites situées sous le contact anormal les hypothétiques gabbros, probables témoins d'un ancien « sous placage ». Qui cherche trouve, dit l'adage. Des gabbros déformés furent découverts là où personne ne les avait encore signalés, mais où ils étaient attendus par notre guide, instruit par sa participation un an plus tôt à notre campagne de plongées et par ses résultats.

La ressemblance est telle entre la marge émergée visitée en Suisse et celle immergée au large de la Galice que nous avons signé ensemble en 2001, Niko Froitzhzeim et moi, le dernier article de ma carrière scientifique, celui que je tiens un peu pour mon testament[12]. J'affichais ainsi ma conviction de la nécessaire synergie entre la géologie de terrain et celle des fonds sous marins actuels.

Une autre application aux chaînes plissées de nos observations en mer a eu jusqu'à présent moins de succès : l'interprétation des « ophicalcites ».

La partie haute de la faille de détachement galicienne est constituée d'une brèche tectonique, on s'en souvient, faite de débris de roches continentales mêlés de serpentinite en rares fragments. L'aspect de cette brèche, photographiée sous la mer (fig. 30), rappelle beaucoup celui d'une « ophicalcite » observée à terre (fig. 31), cette autre brèche, composée uniquement de serpentinite celle-ci, qui tapisse dans les Alpes et ailleurs dans le monde les anciens fonds sous-marins constitués de péridotite altérée par l'hydrothermalisme océanique.

Faisons un nouveau bond de l'actuel au passé, en continuant un débat ouvert dans le chapitre XVI : les ophicalcites ne résultent-elles pas de la friction, à basse température et en conditions de déformation « cassante », entre deux compartiments lithosphériques glissant l'un sur l'autre, ici formés tous deux de péridotite altérées par l'hydrothermalisme ? En d'autres termes, ne sont-elles pas la « signature » d'anciennes failles de détachement intra-océaniques (intra-océaniques, puisque manquent en ce cas les débris de socle continental prélevés en plongées au sommet de la faille galicienne) ?

12. Boillot, G., and Froitzheim, N., 2001. Non-volcanic rifted margins, continental break-up and the onset of seafloor spreading : some outstanding questions. In : Wilson, R.C.L., Whitmarsh, R.B. and Froitzheim, N. : "Non-volcanic rifting of continental margins : a comparison of evidence from land and sea". Geological Society, London, Special Publication, 187, p. 9-30.

Je vois donc dans un plancher océanique tapissé d'ophicalcites le miroir d'une faille de détachement, c'est-à-dire une *surface structurale.* Que la circulation hydrothermale ait favorisé, préparé, le fractionnement des serpentinites dans la faille ne change pas l'interprétation. Je ne parviens pas en effet à imaginer l'action de courants sous-marins qui aurait pu, à cette profondeur, générer, émousser et disperser les fragments de serpentinite constituant la brèche. Leur démembrement tectonique par le détachement me semble une bien meilleure explication.

Encore une bouteille à la mer, donc ; mais, je viens de l'écrire, je n'ai pas lu dans la littérature scientifique que celle-ci ait été recueillie pour l'instant.

Mon parcours scientifique s'est achevé il y a plus de vingt ans. Les recherches ne se sont évidemment pas arrêtées pour autant. Nos travaux pionniers ont engendré toute une descendance, et ce m'est un apaisement dans mon grand âge de constater que les idées qui ont eu tant de difficultés à s'imposer au moment de leur émergence sont aujourd'hui « reçues » comme des évidences, à tel point que sont parfois oubliées leurs dates et lieux de naissance. J'ai vécu assez longtemps pour avoir connu à mon modeste niveau les trois étapes classiques du progrès des connaissances : la découverte (provoquant l'incrédulité), le combat pour imposer l'idée nouvelle (les réticences des bien-pensants), enfin l'établissement du nouvel ordre (le conformisme des notables).

XIX
Un bilan

En écrivant ce récit, je n'ai pas eu le projet d'en faire un instrument de promotion personnelle ; plutôt ai-je voulu apporter le témoignage d'un chercheur scientifique aux prises avec les problèmes de sa discipline à un moment où celle-ci vivait une mutation profonde. Le titre du livre dit mon intention : comment les idées et les projets sont-ils venus à l'esprit d'un géologue soumis aux circonstances et aux influences de son milieu, à une époque où l'océanologie prenait son essor et où la tectonique des plaques bouleversait le corpus scientifique de sa discipline ? Pour tenter de répondre à la question, il me fallait revenir sur mon parcours.

Que retenir de mon expérience, revisitée vingt ans après l'avoir achevée ?

D'abord, très banalement, l'extrême dépendance du chercheur aux outils d'acquisition des données. Quel rapport entre le petit cône utilisé comme drague dans la baie du Mont Saint-Michel en 1957, et le bateau foreur ou le submersible avec lesquels, pendant les quinze dernières années de ma carrière, ont été échantillonnés les différents niveaux structuraux de la faille de détachement galicienne ? Entre le sondeur à ultrasons à balayage circulaire du Plutéus II (*cf.* fig. 3), avec lequel je cartographiais les dépressions karstiques de la Manche dans les années soixante, et la sismique réflexion multitraces qui a permis de suivre le réflecteur S jusque sur le flanc de la colline 5100 ? Aujourd'hui, un sondeur multi-faisceaux peut établir en 24 heures la carte précise du fond marin sur une surface qui demandait à J. Bourcart au milieu du vingtième siècle tout un été pour dresser un document imprécis et provisoire… Et je n'oublie pas que la colline 5100, qui nous a apporté tant d'informations capitales, n'a été repérée dans la plaine abyssale galicienne qu'au moyen d'un levé bathymétrique multifaisceaux préalable.

En imagerie comme en moyens de prélèvements, nos avancées scientifiques ont toujours été tributaires des progrès des outils de la recherche. Soumis à une sorte d'autocensure, projets et objectifs étaient nécessairement calibrés d'après les moyens disponibles. Je sais bien qu'en d'autres disciplines, les scientifiques forgent eux-mêmes les appareils nécessaires à leurs travaux. Ce ne fut pas mon cas. Je suis toujours resté dépendant des moyens techniques mis ou non à ma disposition.

En second lieu, j'ai eu la grande chance de parvenir au seuil de ma carrière de chercheur, de professeur et d'animateur scientifique au moment où la théorie des plaques tectoniques était énoncée. Bridé ou pas par les moyens disponibles, j'avançais désormais une boussole à la main. En recueillant des données, je pouvais les replacer dans un contexte théorique cohérent. Tandis que mes collègues plus âgés devaient réinterpréter les résultats de leurs travaux antérieurs à la lumière des nouveaux concepts. De plus, je travaillais en terrain pratiquement vierge. La géologie des fonds sous-marins était à peu près *terra incognita* en 1958, au début de ma vie professionnelle. Toute campagne apportait son lot de nouveautés, inattendues ou pas.

J'ai parlé, dans le premier chapitre de ce récit, de la bonne fée qui m'a protégé à mes débuts. Je dois la remercier une nouvelle fois alors que j'ai quitté mon métier. Elle m'a fait naître en tant que chercheur au bon moment et à la bonne place, à l'heure où notre discipline connaissait sa révolution copernicienne et auprès d'un maître qui tournait ma curiosité de jeune diplômé vers les fonds sous-marins.

Comment ai-je géré ma chance ? Dans la démarche que j'ai adoptée en tant que chef d'équipe, une phase d'exploration à petite échelle a toujours précédé une découverte confiée à la chance. Établir la répartition des sédiments en Manche occidentale, dresser la carte géologique des plateformes atlantiques de France, d'Espagne et du Portugal, n'exigeaient aucune idée directrice autre que la curiosité pour des espaces inconnus ou mal connus : seulement de la ténacité, de l'obstination parfois, avec l'espoir de découvrir de l'inattendu, de tomber sur une « divine surprise » qui pouvait provoquer un rebond scientifique. La reconnaissance d'espaces vierges a toujours été pour moi le préalable à leur mise en valeur.

Je pense avoir bénéficié au moins de quatre heureuses surprises au long de mon parcours :

— Les roches rouges draguées au fond des dépressions karstiques au Nord de la Bretagne, qui m'ont permis d'amorcer le virage de la sédimentologie vers la géologie de la Manche d'abord, des marges continentales ensuite.

— Les terrains sédimentaires mésozoïques plissés carottés sur la plateforme des Asturies, qui, tout en doublant la longueur de la chaîne pyrénéenne, ont conduit à l'énoncé du concept d'inversion tectonique, une application particulièrement féconde de la tectonique des plaques qui a bouleversé l'interprétation des chaînes plissées.

— Le dragage de 1978 sur la montagne 5100, qui a ouvert un champ immense à la connaissance des processus du rifting, de la rupture continentale et de l'ouverture océanique. Le progrès des idées a suivi celui des connaissances : la découverte au pied du Banc de Galice d'affleurements de serpentinite a d'abord conduit à définir les « fonds de troisième type »[13] constituant la transition entre la croûte continentale de la

13. G. Boillot. Les fonds sous-marins du troisième type. La Recherche, N° 193, vol. 18, novembre 1987, p. 1294-1303.

marge et la croûte basaltique de l'océan ; la mise en évidence de la faille de détachement enracinée dans le manteau a permis ensuite d'expliquer l'exhumation tectonique des péridotites sous-continentales avant et pendant leur serpentinisation sous l'action de l'hydrothermalisme océanique. De nouveau, les chaînes plissées surgies des océans du passé ont bénéficié de l'éclairage que leur a apporté les résultats des recherches dans les océans du présent.

— Je range aussi parmi les divines surprises la foliation des serpentinites prélevées par le forage ODP 637, implanté par chance précisément à l'endroit où le détachement émerge à la surface du fond marin. Je doute qu'une telle aubaine soit offerte avant longtemps aux auteurs de projets d'études de ce que j'ai nommé l'éduction. Je lui associe la corrélation du réflecteur S avec le flanc Est de la montagne 5100. Tirer une ligne sismique très obliquement par rapport à la ride de serpentinite n'était au départ qu'une simple ruse, visant à éviter les diffractions qui brouillent les enregistrements perpendiculaires à un relief. L'image obtenue m'a donné la solution inattendue, mais combien désirée, de l'énigme posée par le réflecteur S : il est à la fois l'image sismique du détachement, et la preuve que la croûte terrestre, au sens géophysique du terme, peut être constituée de serpentinite et pas seulement de terrains volcaniques ou d'origine continentale, dans l'océan ouvert comme sous un rift évolué.

— J'hésite encore à placer parmi les heureuses surprises la découverte sur le Banc Le Danois des granulites en cailloux émoussés, tant que leur mystère ne sera pas entièrement éclairci. Mais je suis convaincu de laisser là une mine fertile à exploiter par mes successeurs.

Dans ce retour mémoriel à ma vie professionnelle, j'ai été très frappé du temps nécessaire pour mesurer toutes les implications d'une découverte inattendue. Alors que l'exploration est toujours allée au train que lui imposaient les moyens mis à ma disposition, la compréhension des anomalies, de l'imprévu, m'a toujours demandé de longs mois, parfois des années. Avais-je tout particulièrement l'esprit d'escalier, comme on dit ? Était-ce un effet de la dispersion de mes activités entre l'enseignement, l'administration et la recherche personnelle ou collective ? Ou bien toute pensée hésite-t-elle à s'aventurer dans des espaces inconnus, tandis que ce sont des contraintes matérielles qui l'empêchent d'avancer plus vite sur les chemins déjà parcourus ? La leçon vaut sans doute pour d'autres branches de la science : il est plus facile, moins dangereux aussi, de suivre les pas de ses devanciers que de s'en écarter.

Enfin, l'aventure scientifique que j'ai vécue doit beaucoup à mon environnement scientifique et humain. Ma formation initiale ne me préparait pas à affronter les problèmes géophysiques, géochimiques et pétrologiques qui se sont posés à moi à mesure que j'avançais. Tout au long de ma vie professionnelle, j'ai appris des spécialistes invités à participer aux campagnes que j'organisais, ou consultés au moment de l'exploitation des données recueillies en mer. Je leur dois une sorte de formation continue qui me fut indispensable, ne serait-ce que pour dialoguer avec eux et les comprendre. Ces échanges ont duré jusqu'à la rédaction de ce texte, dont Raymond Capdevila et Jacques Kornprobst m'ont aidé à corriger plusieurs erreurs, qui n'étaient pas seulement dues à des déficiences de ma mémoire.

Remerciements

Je n'aurais rien entrepris sans le soutien des tutelles administratives qui m'ont confié les laboratoires et apporté les moyens et les outils nécessaires à la recherche en mer : l'Université de Rennes, puis celle de Paris (Pierre et Marie Curie, faisant maintenant partie de « Sorbonne-Université »), le CNRS et, *last but not least,* l'IFREMER et le programme ODP.

Attentif à décrire mon parcours personnel, je n'ai sans doute pas rendu assez justice à mes compagnons de route. J'en ai cité quelques-uns au passage dans les pages précédentes. L'aide des « marins », je veux parler de ceux qui m'ont accompagné sur les navires océanographiques, m'a été particulièrement précieuse. Par ordre d'apparition : L. Cabioch, P. Muraour, J.-R. Vanney, R. Horn, Ph. Bouysse, M. Gennesseaux, F. Le Lann, L. d'Ozouville, M. Lamboy, X. Le Pichon, J.-C. Sibuet, A. Rousseau, J.-P. Lefort, A. Cressard, J.-P. Leprètre, I. Hennequin-Marchand, P. Musellec, D. Mougenot, R. Capdevila, Ph. Baldy, J.-P. Gérard, J. Malod, A. Mauffret, G. Auxiètre, J.-P. Dunand, S. Grimaud, F. Gonzales-Lodeiro, J.-R. Martinez-Catalan, C. Lepvrier, G. Mascle, D. Derégnaucourt, J. P. Réhault, D. Témine, M. Cousin, E.-L. Winterer et l'équipe embarquée du « Leg » ODP 103, J. Girardeau, J.-P. Loreau, J. Kornprobst, M. Moullade, M. Comas, M. Thommeret, M.-O. Beslier, V. Gardien, J. Gil-Ibarguchi, G. Cornen, N.

Froitzheim, et tant d'autres, chercheurs ou étudiants, venus m'aider et me soutenir de leur enthousiasme seulement le temps d'une campagne. L'équipe technique du laboratoire de Villefanche (J.-P. Digonnet et A. Moreau) n'était pas moins essentielle au succès de nos campagnes avant que le relai ne fût pris par les équipes de l'IFREMER.

Revenu à terre, le géologue marin doit faire appel à une multitude de spécialistes pour exploiter au mieux les données qu'il a recueillies en mer. Par ordre d'apparition encore, j'ai bénéficié des compétences de : Y. Le Calvez, P. Marie, G. Millot, J. Valérien, G. Bouhot, A. Barthe, R. Deloffre, S. Duplaix, P. Andreieff, E. Buge, P.-A. Dupeuble, X. Le Pichon, R. Capdevila, L. Montadert, B. Biju-duval, M. Durand-Delga, P.-Y. Berthou, A. Mauffret, J. Mergoil-Daniel, G. Torrent, C. Muller, J. Taugourdeau-Lantz, J. Kornprobst, J. Mascle, M. Lemoine, M. Recq, P. Tricart, M.-F. Brunet, G. Féraud, Y. Lagabrielle, D. Mougenot, J. Murillas, B. Mamet, C.-M. Krawczyk, D. Rappin, T. Reston, U. Schärer, N. Froitzheim, P. Agrinier, A. Bitri, S. Charpentier, V. Gardien et B. Fuegenschuh.

À elle seule, cette double énumération, sans doute incomplète, où se retrouvent parfois les mêmes noms, montre le caractère collectif de la recherche, et la difficulté, pour un chef de projet ou de mission, de rendre compte avec quelque objectivité de sa contribution personnelle.

Références de la couverture et des figures

COUVERTURE : Lallemand, S., Monti, S, et Sibuet, J-C, 1985. Carte bathymétrique de l'Atlantique Nord-Est au 1/ 2400000. IFREMER et BRGM éditeurs (extrait). Le dégradé des couleurs dans l'espace marin va du bleu clair (plateforme continentales, entre 0 et 200m) au bleu outremer (plaine abyssale, plus de 5000m). Photo de l'auteur par J.-J. Pangrazi.

FIGURE 1 : photo C. Guernet

FIGURES 2 (dessin de Michel Boillot) et 3 : Boillot, G., 1964. Géologie de la Manche occidentale : fonds rocheux, dépôts quaternaires, sédiments actuels. *Ann. Inst. Océanogr.*, Paris, 42, pp. 1-219.

FIGURES 4, 13, 17, 21 : photos de l'auteur.

FIGURE 5 : Boillot, G., Montadert, L., Lemoine, M., Biju-Duval, B. 1984. *Les Marges continentales actuelles et fossiles autour de la France.* Masson, Paris, 342 p.

FIGURES 6, 8, 10, (modifiées) : Boillot, G., Huchon, Ph., Lagabrielle, Y. 2013. *Introduction à la géologie. La dynamique de la lithosphère. Glossaire des termes de physique par J. Boutler. 5e édition.* Dunod, Paris, 238 p.

FIGURE 7 (modifiée) : Boillot, G. 1984. Les marges continentales stables et leur destin. *Bul. Soc. Géol. Fr., 7, XXVI, 1984, p. 517-531.*

FIGURE 9 : Boillot, G., Dupeuble, P.A., Lamboy, M., D'Ozoubille, L., et Sibuet, J.C., 1971. Structure et histoire géologique de la marge continentale au Nord de l'Espagne (entre 4° et 9°W). In : *Histoire structurale du Golfe de Gascogne*. Technip, Paris, pp. V.6.1-V.6.52.

FIGURE 11 : Boillot, G. 1990. *Géologie des marges continentales, 3e édition*, Masson, Paris, 136 p.

FIGURE 12 : Boillot, G., Dupeuble, P.A., Henneqin-Marchand, I., Lamboy, M., Leprêtre, J.P., et Musellec, P., 1974. Le rôle des décrochements tardi-hercyniens dans l'évolution structurale de la marge continentale et dans la localisation des grands canyons sous-marins à l'Ouest et au Nord de la péninsule ibérique. *Rev. Geogr. Phys. & Geol. Dyn.*, 16, 1, pp. 75-86.

FIGURE 14. Boillot. G. Comparison between the Galcia and Aquitaine margins, 1986. *Tectonophysics,* 129, 243-255.

FIGURE 15. De Charpal, O., Guénnoc P., Montadert L. and Roberts, D.G. Rifting, 1978. Rifting, crustal attenuation and subsidence in the Bay of Biscay. *Nature, 275, N° 5682, P.706-711.*

FIGURES 16, 22, (modifiées) : Mauffret, A. et Montadert, L., 1987. Rift tectonics on the passive margin off Galicia (Spain). *Marine and Petroleum Geology, Vol. 4, p. 49-70.*

FIGURE 18, 20 : Boillot, G., Winterer, E.-L., Meyer, A. W. et al., 1987. *Proceedings, Initial report (Part A), of the Ocean drilling program,* Vol. 103, p. 3-17.

FIGURE 19 (modifiée) : B. Wernicke, 1985. Uniform sense normal simple shear of the continental lithosphere. *Canad. Jour. Of Earth Sciences, 22, p. 108-125.*

FIGURE 23 et 24 : Boillot, G., Comas, M.C., Girardeau, J., Kornprobst, J., Loreau, J.P., Malod, J., Mougenot, D., and Moullade, M., 1988. Preliminary results of the Galinaute cruise (dives of the submersible "Nautile" on the West Galicia margin, Spain). In : Boillot, G., Winterer, E.L., et al., *Proc. ODP, Sci. Results,* 103 : College Station, TX (Ocean Drilling Program), pp. 37-51.

FIGURE 25 (modifiée) : Boillot, G., Féraud, G. Recq, M.,Girardeau, J., 1989, Undercrusting by serpentinite beneath rifted margins. *Nature,* 341, N° 6242, p. 3.

FIGURE 26 et 28 (modifiées) : Boillot, G., et Coulon, C., 1998. *La déchirure continentale et l'ouverture océanique. Géologie des marges passives.* Gordon and Breach, Paris, Amsterdam, 208 p.

FIGURE 27 (modifiée) : Boillot, G., Agrinier, P., Beslier, M.-O. , Cornen, G., Froitzheim, N., Gardien, V., Girardeau, J., Gil-Ibarguchi, J., Kornprobst, J., Moullade, M., Schaërer, U. and Vanney, J.-R..,1995. A lithospheric syn-rift shear zone at the ocean-continent transition : preliminary results of the GALINAUTE II cruise (*Nautile* dive on the Galicia Bank, Spain). *C.R. Acad. Sci. Paris, 321, série II a, p. 1171-1178.*

FIGURE 29 (modifiée) : Schärer, U., Girardeau, J., Cornen, Guy et Boillot, G. 2000.138-121 Ma asthenosphéric magmatism prior to continental break-up in the North Atlantic and geodynamic implications. *Earth and Planetary Science letters, 181, p. 555 572.*

FIGURE 30 et 31 : Boillot, G., and Froitzheim, N., 2001. Non-volcanic rifted margins, continental break-up and the onset of seafloor spreading : some outstanding questions. *In : Wilson, R.C.L., Whitmarsh, R.B. and Froitzheim, N. : "Non-volcanic rifting of continental margins : a comparison of evidence from land and sea". Geological Society, London, Special Publication,* 187, *p. 9-30.*

Échelle simplifiée des temps géologiques

(d'après la Charte chronostratigraphique internationale
compilée par la Société géologique de France)

Céozoïque : 0-66 Ma
- Quaternaire : 0-2,6 Ma
- Néogène : 2,6-23 Ma
- Paléogène : 23-66 Ma
- *Oligocène* : 23-34 Ma
- Éocène : 34-56 Ma
- *Paléocène* : 56-66 Ma

Mésozoïque : 66-252 Ma

Crétacé : 66-145 Ma
- *Supérieur* : 66-100 Ma
- *Inférieur* : 100-145 Ma

Jurassique : 145-201 Ma

Trias : 201-252 Ma

Paléozoïque : 252-541 Ma
- Permien : 252-300 Ma
- Carbonifère : 300-400 Ma
- Dévonien : 400-416 Ma
- Silurien : 416-443 Ma
- Ordovicien : 443-490 Ma
- Cambrien : 490-541 Ma

Protérozoïque : 541-2500 Ma

Archéen : 2500-4600 Ma

Ma : millions d'années.

Glossaire des termes scientifiques[14]

ACCRÉTION OCÉANIQUE. Voir dorsale océanique et chapitre XVI.

ANOMALIES MAGNÉTIQUES. Les anomalies magnétiques apparaissent sur les cartes qui les représentent comme des zébrures de l'espace océanique où se mesurent de très légers excès ou déficits d'intensité du champ magnétique terrestre. Elles sont imposées par l'aimantation rémanente positive ou négative des basaltes de la croûte océanique, ajoutée ou retranchée au champ actuel. Ces basaltes ont en effet enregistré, au moment de leur mise en place et de leur refroidissement à l'axe des dorsales océaniques, le champ magnétique de périodes où le pôle magnétique de la Terre était conforme à celui d'aujourd'hui (anomalies positives), ou au contraire celui de périodes où ce pôle magnétique état inverse, c'est-à-dire proche du pôle géographique Sud (anomalies négatives). Les anomalies dessinent ainsi les « stries de croissance » de l'océan, dont l'âge et la disposition renseignent sur l'histoire de son ouverture et de son agrandissement, et sur le mouvement d'écartement des plaques de part et d'autre de la dorsale.

ASTHÉNOSPHÈRE : voir Lithosphère et chapitre VI.

BANC MARGINAL. Haut fond sous marin appartenant à la marge continentale, situé au-delà vers le large de la plateforme et en deçà des fonds océaniques (exemples : le Banc Le Danois, le Banc de Galice ; *cf.* couverture de ce livre).

BASALTE, GABBRO. Roches volcaniques entièrement (gabbros) ou partiellement (basalte) cristallisées, provenant de la fusion partielle des péridotites du manteau quand elles sont soumises à une décompression à température quasi-constante. Le phénomène se produit dans les zones de divergence de plaques (rifts continentaux et dorsales océaniques) ou les roches du manteau sont appelées vers la surface.

14. Pour en savoir plus : Boillot, G., Huchon, Ph., Lagabrielle Y., Introduction à la géologie, la dynamique de la Terre. 5e édition, 2013, Dunod, Paris, 238 p.

BASSIN MARGINAL. Zone d'extension de la lithosphère située au delà d'une zone de subduction. Un bassin marginal se forme d'abord par extension de la plaque chevauchante à substratum continental. Si l'extension se poursuit, la croûte continentale est rompue et de la croûte océanique est créée à l'axe du bassin.

BLOC BASCULÉ DE RIFT ET DE MARGE PASSIVE. Bloc de terrains effondré par le jeu d'une faille normale courbe, en forme de cuiller. De telles structures se forment dans les rifts continentaux à toutes échelles (de la dizaine de km à la dizaine de m) sous l'effet de l'extension tectonique (*cf.* fig. 9).

BOUDINAGE. Quand une couche rigide est située entre deux couches plastiques, l'extension régionale provoque la fragmentation de la couche rigide tandis que son encaissant est simplement aminci et aplati. Les fragments de la couche rigide prennent alors la forme de « boudins », qui miment des galets.

BRÈCHE. Formation géologique constituée de cailloux de formes anguleuses. Une Brèche sédimentaire résulte de l'érosion superficielle d'un relief. Une brèche tectonique est l'effet de la fracturation de terrains rigides soumis à des efforts tectoniques (notamment à proximité d'une fracture).

BRYOZOAIRE. Animaux coloniaux marins à test calcaire vivant le plus souvent fixés sur le fond marin. Les espèces les plus courantes en Manche forment de petites arborescences constituées d'articles qui se séparent à la mort de la colonie et enrichissent le sédiment en particules carbonatées.

CALCAIRE : roche constituée principalement de carbonate de Calcium (CO_3Ca).

CALCITE : calcaire cristallisé.

CARTE GÉOLOGIQUE : carte de la répartition des terrains géologiques (nature et âge) affleurant sous les sols ou sous les sédiments meubles récents.

CHAÎNE DE COLLISION, CHAÎNE DE SUBDUCTION : voir collision, subduction.

CHAÎNE HERCYNIENNE (dite aussi VARISQUE). Chaîne de montagne née au Paléozoïque moyen et supérieur (entre 400 et 250 Ma environ, du Dévonien au Permien) et arasée avant le Mésozoïque. Cette chaîne constitue la plus grande partie du socle géologique de l'Europe.

CHARRIAGE, CHEVAUCHEMENT, ÉCAILLAGE. Superposition de terrains étrangers l'un à l'autre à la suite d'un raccourcissement horizontal de la lithosphère. Le « contact anormal » entre ces terrains est une surface de charriage ou de chevauchement. Les terrains chevauchants constituent, selon leurs dimensions, des écailles tectoniques, des chevauchements ou des nappes de charriage.

CHLORITE. Minéral provenant le plus souvent de l'altération hydrothermale de minéraux ferro-magnériens.

CISAILLEMENT LITHOSPHÉRIQUES. Les cisaillements d'échelle lithosphérique peuvent être « purs » (aplatissement et amincissement) ou « simples » (la déformation est alors localisée dans des fractures). Pour expliquer l'amincissement de la croûte et de la lithosphère sous un rift continental on a fait successivement appel à l'hypothèse d'un cisaillement pur (Fig. 8) et à celle de cisaillements simples selon des failles de détachement (Fig. 19 et 28).

Collision de plaques. Lorsqu'un continent se rapproche d'un autre sous l'effet de la subduction de l'espace océanique qui les sépare, il arrive un moment où leurs deux croûtes continentales entrent en contact. La subduction s'arrête alors parce que l'épaisseur de la croûte continentale et sa densité relativement faible lui interdisent de s'enfoncer dans l'asthénosphère. Il en résulte une intense déformation des deux bordures continentales, à l'origine d'une chaîne (de montagne) de collision. La suture entre les deux plaques est la surface de leur affrontement pendant la collision, souvent jalonnée de témoins de l'espace océanique qui les séparait auparavant. De part et d'autre de la suture, la région de la chaîne, où les effets thermiques et mécaniques de la collision ont été les plus intenses, est sa zone interne. Plus éloignées de la suture, les zones externes de la chaîne ont été affectées avec une moindre intensité.

Contact normal, anormal. Les terrains superposés sont en contact normal lorsqu'ils sont dans leur position d'origine. Ils sont en contact anormal quand ils ont été superposés tardivement par le jeu d'une faille, d'un chevauchement, d'un détachement, etc.

Coupe géologique. Tranche verticale du sous-sol représentant sa structure géologique en deux dimensions. Les profils sismiques sont des images plus ou moins déformées de coupes géologiques réelles, obtenues par la sismique réflexion.

Courants de turbidité, turbidites. Les courants de turbidité sont des courants de densité s'écoulant sur le fond marin, dont le mouvement est commandé par la gravité. Leur densité plus forte que celle de l'eau résulte de leur teneur en particules sédimentaires en suspension. Ils ont pour origine soit les crues des fleuves, soit des éboulements sous-marins, et s'écoulent selon la plus grande pente, le plus souvent dans les vallées sous-marines. Les turbidites sont les sédiments déposés par les courants de turbidité sur le glacis continental ou dans les plaines abyssales océaniques. Ils sont constitués d'une alternance de lits superposés de granulométrie différente (grès et marnes, par exemple). Les flyschs sont d'anciennes turbidites consolidées.

Croûte (ou écorce). Partie superficielle de la lithosphère où la vitesse de propagation des ondes sismiques P (compression) est inférieure à 8,1 km/s.

Croûte (ou écorce) océanique. Partie superficielle de la lithosphère océanique, constituée de roches volcaniques (basaltes et gabbros) et de serpentinites (produits d'altération hydrothermale des péridotites du manteau). Son épaisseur moyenne est de 7 km. Relativement jeune (moins de 180 Ma dans les océans actuels), elle est créée à l'axe des dorsales océaniques et constitue le substratum des plaines abyssales.

CROÛTE (OU ÉCORCE) CONTINENTALE. Partie superficielle de la lithosphère continentale, composée de roches plus riches en silice que la croûte océanique, et par conséquent moins denses. Elle peut être très ancienne, conservant localement des témoins âgés de plusieurs milliards d'années. Elle se forme au dessus des zones de subduction par l'injection de roches magmatiques issues de la fusion partielle de la plaque plongeante en présence d'eau. Son épaisseur moyenne est de 30 km, mais peut atteindre le double sous les chaînes de montagne, ou au contraire s'amincir jusqu'à la rupture à l'axe des rifts continentaux. La croûte continentale ne peut que très difficilement entrer en subduction, en raison de sa faible densité par rapport au manteau, Elle reste donc à la surface du globe et garde la mémoire de son histoire géologique.

DECCA. Système de radionavigation hyperbolique en basse fréquence, développé pendant la seconde guerre mondiale et largement utilisé en Manche jusqu'en 2000.

DÉFORMATION FRAGILE, DÉFORMATION DUCTILE. Ces types de déformation dépendent de la température et de la pression qui croissent avec la profondeur dans la lithosphère. À moins de 10 ou 15 km de la surface, les terrains sont rigides et « fragiles ». Les contraintes tectoniques y provoquent une déformation élastique suivie de peu par la rupture (séismes). Plus profondément, les terrains deviennent « ductiles » : après une courte période de déformation élastique, ils subissent une déformation plastique irréversible avant une rupture éventuelle sans séisme.

DELTA. Accumulation sédimentaire en forme de la lettre grecque delta (on dit aussi : éventail). Les deltas côtiers se forment au débouché des fleuves dans la mer. Les deltas profonds se construisent au débouché des canyons sous-marins, au pied de la pente continentale, là où les courants de turbidité déposent la plus grande partie de leur charge.

DISCORDANCE SÉDIMENTAIRE. SURFACE DE DISCORDANCE. Il y a discordance entre deux couches dans une série sédimentaire lorsque ces couches présentent des pendages (l'inclinaison des strates) différents, et sont séparées par une surface de discontinuité qui tronque la couche inférieure. Une telle surface est souvent l'effet d'un mouvement tectonique, pendant lequel la couche inférieure a été déformée ou basculée et partiellement érodée avant que la couche supérieure ne vienne reposer sur la surface d'érosion (*cf.* fig. 16 et 20, où se voit la discordance post-rifting).

DOLINE : voir karst.

Dorsale océanique. Large et haut relief du fond sous-marin associé à la frontière entre deux plaques divergentes (*cf.* Fig. 6 et 8). Les dorsales océaniques sont le site de l'accrétion de lithosphère océanique compensant l'écartement des plaques.

Ductile : voir déformation fragile, déformation ductile.

Échinodermes. Embranchement d'animaux benthiques auquel appartiennent les oursins, les étoiles de mer, les ophiures etc. Ils font partie de l'épifaune mobile.

Épaule d'un rift continental : rebords soulevés du rift, épargné par l'extension qui affecte le fossé tectonique (*cf.* fig. 8 et 28).

Failles normales, failles inverses. Les failles normales sont des fractures résultent d'une extension régionale et de l'effondrement d'un compartiment lithosphérique par rapport à son voisin. Les failles inverses au contraire séparent deux compartiments lithosphériques se rapprochant et se chevauchant à la suite d'un raccourcissement horizontal (compression). Prenant de l'ampleur, les failles inverses deviennent des surfaces de chevauchement ou de charriage. Les miroirs de faille sont les surfaces de glissement entre terrains situés de part et d'autres d'une faille.

Failles de détachement (dites aussi failles basales). Ce sont des fractures peu inclinées par rapport à l'horizontale, qui, en contexte d'extension horizontale provoquent le « délaminage » de la partie supérieure de la lithosphère et la mise à jour de niveaux structuraux profonds. Les détachements ont d'abord été décrits dans la croûte continentale, avant que le concept soit généralisé à la lithosphère tout entière.

Faille transformante. Limite de plaques coulissant l'une contre l'autre, sans création ni destruction de surface lithosphérique.

Faune, flore benthique : ensemble des animaux et des végétaux vivant sur le fons marin (par opposition au plancton et au necton vivant en pleine eau). Épifaune, endofaune : faune vivant à la surface (fixée ou non sur un support) ou au sein des sédiments meubles.

Flysch. Anciennes turbidites. Voir courant de turbidité, turbidites.

Foliation, schistosité stratification. Foliation : structure d'une roche faite de feuillets superposés. La schistosité et la foliation tectonique témoignent de la déformation des terrains sous l'effet de contraintes tectoniques. Le plan de foliation en ce cas est perpendiculaire à la direction des contraintes subies par la roche. La foliation et la stratification sédimentaires ont été acquises au contraire avant toute déformation, au moment du dépôt du sédiment originel. La foliation tectonique peut donc être sécante par rapport au plan de stratification. Voir aussi : métamorphisme.

Forages océaniques (programmes IPOD et ODP). *Cf.* chapitres XI et XII.

Fosse marginale. Profonde dépression (remplie ou non par des sédiments) située à la frontière de deux plaques convergentes. La plaque en subduction est ployée avant de s'enfoncer dans l'asthénosphère, ce qui créé la fosse où l'on observe les plus grandes profondeurs océaniques (*cf.* fig. 6 et 7).

FRAGILE : voir déformation fragile, déformation ductile.

GÉOCHIMIE, GÉOPHYSIQUE. Applications de la physique et de la chimie aux sciences de la Terre.

GÉOCHRONOLOGIE ABSOLUE. Ensemble des méthodes permettant de donner un âge absolu aux roches. Les plus nombreuses sont fondées sur la radioactivité naturelle décroissante des radioéléments inclus dans certains minéraux depuis leur cristallisation. Les géochimistes disposent de toute une gamme d'éléments radioactifs dont la désintégration lente ou rapide permet de dater les terrains formés pendant une grande partie des temps géologiques. Voir aussi : traces de fission.

GÉOLOGIE STRUCTURALE. Branche de la géologie qui concerne l'étude de la structure du sous-sol : disposition et nature des terrains, dynamique et cinématique de leur déformation, de leur métamorphisme et de leur mise en place.

GLACIS CONTINENTAL. Partie d'une marge continentale située au pied de la pente continentale. Doucement incliné vers la plaine abyssale océanique, le glacis est le site d'accumulations sédimentaires de piémont parmi lesquelles les deltas sous marins profonds.

GRANULITE. Roche cristalline à structure « granoblastique » (les minéraux qui la constituent sont de même taille, avec des joints rectilignes). Les granulites ont initialement été formées dans les conditions de pression et de température régnant dans la croûte continentale inférieure.

HYDROTHERMALISME OCÉANIQUE. Circulation de l'eau de mer dans les roches du tréfonds océanique, et altération chimique de ces roches (métamorphisme thermique) par l'eau échauffée à leur contact (*cf.* chapitre XIII et XVI).

INVERSION TECTONIQUE (chapitre VII). Phénomène par lequel des failles normales du rift sont transformées en failles inverses dans une chaîne de montagne à la suite d'une inversion du champ de contrainte (extension, puis raccourcissement).

ISOSTASIE. Équilibre, selon le principe d'Archimède, de la masse des terrains dans la croûte et le manteau, attesté par la quasi-constance de la gravimétrie mesurée en surface. Les faibles anomalies gravimétriques cependant observées permettent de détecter la présence de corps à forte densité dans le sous-sol, ou les lieux où d'autres forces que la gravité s'opposent à l'équilibre.

KARST, KARSTIQUE. Morphologie de régions dont le sous-sol est constituée de terrains calcaires. Les eaux de pluie chargées de gaz carbonique attaquent le carbonate de calcium et le transforment en bicarbonate soluble qui est évacué. Il en résulte la naissance d'un réseau de cavités en surface (dolines en forme d'entonnoirs, poljés en forme de vallées fermées) et en profondeur (cavernes) où l'eau circule librement.

KLIPPE. Lambeau isolé de terrains reposant sur une surface de détachement ou de charriage. Il s'agit le plus souvent de reliques des terrains surmontant d'autres terrains par l'intermédiaire d'un contact tectonique anormal.

LHERZOLITE. Péridotite pyrénéenne.

LITHOSPHÈRE, ASTHÉNOSPHÈRE (*cf.* Fig. 6). Enveloppes superficielles du globe terrestre. En surface, la lithosphère est rigide (transmet les forces selon leurs directions). Son épaisseur varie entre 0 (à l'axe des dorsales océaniques) et 120 km ou davantage selon son âge. L'asthénosphère est un milieu solide, qui cependant transmet les forces dans toutes les directions de l'espace comme un liquide. La lithosphère est épaisse en moyenne de 120 km, et est rompue à l'axe des dorsales océaniques. Elle est constituée de la croûte (ou écorce) en surface et du manteau en profondeur. Distingués par la densité des terrains, supérieure (manteau) ou inférieure (croûte) à 3,3, et par les vitesses des ondes sismiques qui les traversent (inférieures ou supérieures à 8,1 km/s), croûte et manteau son séparés par la discontinuité de Moho. L'asthénosphère est située sous la lithosphère. Elle appartient aussi au manteau, mais celui-ci y est convectif (mobile sous l'effet de la pression et des gradients de la température et de densité régnant à cette profondeur).

MANTEAU : enveloppe de la Terre située sous la croûte et constituée en majorité de péridotite.

MARGE CONTINENTALE. Espace à substratum de croûte continentale faisant la transition entre le continent émergé et les fonds à croûte océanique adjacents. Les marges continentales sont constituées d'une plateforme (0-200m de profondeur), d'une pente et souvent d'un glacis faisant transition avec la plaine abyssale océanique. Les marges actives sont le site de la subduction d'une plaque « plongeante », portant généralement de la croûte océanique, sous la lithosphère d'une plaque « chevauchante » dont la croûte est le plus souvent de nature continentale. Les marges passives sont situées à l'emplacement d'un demi-rift continental hérité de la déchirure (rifting), puis de la rupture de la lithosphère quand s'ouvre un nouvel océan entre deux continents qui s'écartent.

MARNE. Roche sédimentaire faite d'un mélange d'argile et de calcaire.

MÉTAMORPHISME. Transformation des terrains sous l'effet soit d'une circulation hydrothermale, soit, plus souvent, de l'augmentation régionale ou locale de la pression et de la température. Dans ce dernier cas, les minéraux constitutifs de la roche se réorientent et s'accroissent perpendiculairement au champ de contrainte, donnant naissance à une foliation tectonique. Le métamorphisme augmentant, apparaissent de nouveaux minéraux aux dépens des anciens orientés comme eux perpendiculairement au champ de contrainte.

MOHO. Voir lithosphère.

NAPPE DE CHARRIAGE : voir charriage.

OPHICALCITE. Brèche de serpentinite qui tapisse souvent les anciens fonds océaniques exposés dans les chaînes plissées.

PENDAGE. Inclinaison des structures géologiques (couche sédimentaire, failles, etc.) par rapport à l'horizontale.

PENTE CONTINENTALE. Partie d'une marge continentale située entre la plate-forme (- 200 m) et le glacis (plusieurs km de profondeur), traversée par les canyons sous-marins (inclinaison de l'ordre de 5 à 8°). Voir aussi marge continentale.

PÉRIDOTITE, SERPENTINITE. La péridotite est une roche cristalline qui doit son nom à sa richesse en péridot. Sa forte densité (< 3,3) et la vitesse sismique élevée des ondes acoustiques qui la traversent < 8,1 km/sec) en font le constituant principal du manteau de la Terre. Soumise à une altération sous l'effet d'une circulation hydrothermale, elle se transforme en serpentinite, moins dense.

PLAINE ABYSSALE. Surface plane des fonds océanique située entre la marge continentale et de la dorsale océanique (profondeur moyenne de l'ordre de 5300 m). La planéité est due à un remplissage sédimentaire.

PLATEFORME (OU PLATEAU) CONTINENTALE : voir marge continentale

POLJÉ : voir karst.

RÉGRESSION, TRANSGRESSION MARINE. Retrait ou envahissement de la mer sur un espace continental, causé soit par un mouvement vertical de la lithosphère, soit par une variation du niveau absolu des mers.

RÉTROCHARRIAGE. Renversement tardif (syn-collision) de la vergence des plans de charriage, initialement orientés parallèlement au plan de glissement d'une plaque chevauchante sur une plaque plongeante (en voie de subduction).

RIFT, RIFTING (en françaiss : déchirure). Forme, structure et processus d'effondrement résultant d'un début d'écartement de deux blocs continentaux. À ce stade, la lithosphère continentale est étirée et amincie avec sa croûte par le jeu d'un ensemble de fractures normales. Il en résulte la naissance en surface d'un fossé tectonique plus ou moins comblé de sédiment. Les « épaules » du rift ne sont pas affectées par la tectonique extensive, mais sont soulevées par l'échauffement localisé de la croûte qui en diminue la densité (réaction isostatique).

ROCHES VERTES. Témoins d'ancienne croûte océanique (basalte, gabbro, péridotite serpentinisée) dans une chaîne de montagne plissée.

SCHISTOSITÉ. Voir foliation.

SÉDIMENTOLOGIE. Science des sédiments et des roches sédimentaires, dont l'objectif principal est d'analyser la mémoire de leurs conditions de dépôt.

Sismique (expérimentale). Méthode permettant de connaître les propriétés mécaniques et la structure du sous-sol par l'observation des réflexions des ondes acoustiques ou par la mesure de leur temps de propagation. La sismique réflexion consiste à « imager » les surfaces de discontinuités entre terrains de natures différentes en enregistrant les « échos » réfléchis par ces discontinuités. La sismique réfraction (ou sismique grand angle) donne des informations sur la vitesse avec laquelle les terrains superposés ont été parcourus par les ondes acoustiques. En mer, les deux méthodes sont combinées par l'utilisation de nombreux capteurs acoustiques enfermés dans une « flute », parfois longue de plusieurs km, traînée derrière le navire enregistreur. Un profil sismique est l'enregistrement des images obtenues par sismique réflexion selon une coupe verticale établie à l'aplomb du navire enregistreur.

Sondeur multifaisceaux. Définition de l'IFREMER : « Appareil généralement monté sous la coque d'un bateau, permettant de mesurer depuis la surface la profondeur d'eau en plusieurs point simultanément, de bâbord à tribord ». Grâce à un balayage du fond marin par le sondage acoustique dont l'étendue croit avec la profondeur, l'appareil restitue avec une grande précision la bathymétrie et la morphologie sous-marine à l'aplomb de la route suivie par le bateau enregistreur.

Subduction. Enfoncement dans l'asthénosphère d'une plaque dont la croûte est généralement de nature océanique sous une autre dont la croûte est le plus souvent de nature continentale (*cf.* Fig. 6). La superposition des deux croûtes, à laquelle s'ajoutent les effets du volcanisme et du raccourcissement horizontal de la marge active, donne naissance à une chaîne de subduction, relief montagneux situé en bordure de la plaque chevauchante (exemple : la cordillère des Andes).

Subsidence. Affaissement de la surface lithosphérique provoquant sur le continent la naissance d'un bassin sédimentaire, et dans l'océan l'approfondissement du fond. La cause de la subsidence est dans l'augmentation de la densité lithosphérique par refroidissement ou par amincissement superficiel de la croûte continentale, plus légère que le manteau. Il s'agit donc d'une réaction isostatique.

Surface structurale. Forme superficielle épousant la structure du sous-sol.

Suture. Zone de contact entre deux plaques désormais soudées après une collision continentale.

Tectonique. Étude de la déformation de la lithosphère et des structures géologiques qui en résultent.

Tectonique des plaques. Théorie qui explique la tectonique par le mouvement des plaques lithosphériques (*cf.* lithosphère et Fig. 6). La lithosphère est partagée en plaques lithosphériques de grandes dimension (il en existe actuellement une quinzaine autour du globe si l'on s'en tient aux principales). Trois mouvements sont possibles entre les plaques : la convergence, la divergence et le glissement le long d'une « faille transformante ».

TRACES DE FISSION. Les traces de fission sont les impacts sur certains minéraux des produits de la fission spontanée de l'Uranium 238 contenu dans ce minéral. Les impacts cependant s'effacent quand la température dépasse une certaine valeur t° (variable selon les minéraux). Connaissant par ailleurs le taux d'uranium 238 restant dans le minéral, le comptage des microscopiques « traces de fission » observées au microscope électronique permet de connaître le temps écoulé depuis le moment où la roche s'est refroidie en deçà de t°, et, par là, de rattacher cette roche à l'histoire thermique régionale.

TURBIDITES. Voir courant de turbidité.

ZONE INTERNE, ZONE EXTERNE D'UNE CHAÎNE PLISSÉE. Les zones internes d'une chaîne de collision ou de subduction sont les régions ayant subi les déformations et le métamorphisme les plus intenses (de part et d'autre de la suture des plaques, dans le cas des chaînes de collision). Les zones externes sont moins affectées, mais ont cependant enregistré des effets structuraux et thermiques de l'événement (soulèvement, plissement superficiel, notamment).

ZONE PALÉOGÉOGRAPHIQUE, ZONE STRUCTURALE. Zones de la croûte caractérisées par la même histoire stratigraphique (mêmes environnements de dépôt au même âge) ou par la même histoire tectoniques (même style de déformation au même âge).

Table des matières

www.ingramcontent.com/pod-product-compliance
Lightning Source LLC
LaVergne TN
LVHW010938051026
849532LV00003B/1041